市政工程建设与管理研究

邵 华 王 骞 著

吉林科学技术出版社

图书在版编目（CIP）数据

市政工程建设与管理研究 / 邵华，王骞著. -- 长春：
吉林科学技术出版社，2022.8
ISBN 978-7-5578-9359-0

Ⅰ．①市… Ⅱ．①邵… ②王… Ⅲ．①市政工程－工
程管理－研究 Ⅳ．① TU99

中国版本图书馆 CIP 数据核字（2022）第 113564 号

市政工程建设与管理研究

著	邵 华 王 骞	
出 版 人	宛 霞	
责任编辑	赵维春	
封面设计	刘婷婷	
制 版	张 冉	
幅面尺寸	185mm×260mm	
开 本	16	
字 数	230 千字	
印 张	10.375	
印 数	1-1500 册	
版 次	2022 年 8 月第 1 版	
印 次	2022 年 8 月第 1 次印刷	

出 版 吉林科学技术出版社
发 行 吉林科学技术出版社
地 址 长春市南关区福祉大路5788号出版大厦A座
邮 编 130118
发行部电话/传真 0431-81629529 81629530 81629531
 81629532 81629533 81629534
储运部电话 0431-86059116
编辑部电话 0431-81629510
印 刷 廊坊市印艺阁数字科技有限公司

书 号 ISBN 978-7-5578-9359-0
定 价 48.00 元

前　言

　　市政工程是指市政设施建设工程。市政设施是指在城市区、镇（乡）规划建设范围内设置、基于政府责任和义务为居民提供有偿或无偿公共产品和服务的各种建筑物、构筑物、设备等。市政主要包括城市道路、桥梁、给排水、污水处理、城市防洪、园林、道路绿化、路灯、环境卫生等城市公用事业工程。我国市政工程项目管理已走过了二十几年的历程，形成了具有现代管理意义的项目管理机制，但还存在很多问题和不足，特别是在近几年我国市场经济逐步完善的情况下，更需要不断创新，探索有中国特色的现代建设工程项目施工管理模式，以适应市场经济发展的需要。

　　本书首先详细地介绍了路基工程施工建设、垫层及基层工程施工建设、沥青面层工程施工建设以及水泥混凝土面层施工建设；其次分析了市政工程建设技术；最后对市政工程项目施工管理进行了详细探讨，希望能够有助于相关工作人员的工作进行和开展。

　　本书在撰写的过程中参考了一些专家的学术成果，在此对相关作者表示感谢。由于笔者水平有限，时间仓促，书中不足之处在所难免，望各位读者、专家不吝赐教。

目　录

第一章　路基工程施工建设

第一节　路基施工的准备工作

一、路基施工的基本程序与内容

1. 施工前的准备工作

施工前的准备工作是保证施工顺利进行的基本前提。其主要内容包括劳动组织准备、物资准备、技术准备、施工现场准备、施工场外准备。

2. 修建小型构造物

小型构造物包括小桥、涵洞、挡土墙、盲沟等。这些工程通常与路基施工同时进行，但要求小型构造物先行完工，以利于路基工程不受干扰地全线展开，并避免路基填筑之后又来开挖修建涵洞、盲沟等构造物。

3. 路基土石方工程

此程序包括路堤填筑、路堑开挖、路基压实、整平路基表面（有横坡要求）、整修边坡修建排水设施及防护加固设施等工作，所包含的工程量大，构造物的种类繁多，且又相互关联制约，并涉及周边环境，是保质量、保工期和节省投资及降低成本的关键所在。因此，施工中应严格按照施工组织设计的规定和监理工程师的指令，精心开展工作。

4. 路基工程的竣工检查与验收

竣工检查与验收应按竣工验收规范规定进行。其检查与验收的主要项目有：路基及其有关工程的位置、高程、断面尺寸、压实度或砌筑质量等及其相关的原始记录、图纸及其他资料等，所有检验项目均应满足规定的要求。

二、路基施工的特点和原则

（1）路基工程范围广，线路地质条件复杂多变，影响因素较多，且路基为隐蔽工程，一旦施工质量不合格，留下隐患，处理和根治将十分困难。因此，必须采用合理的施工方法，选择合适的施工材料，采用先进的施工工艺和机械设备，进行周密的施工组织和科学的管理，确保路基工程的施工质量，使路基具有足够的稳定性和耐久性。

（2）路基工程施工不仅需考虑对自身技术问题的解决（如城市道路路基施工时，地面拆迁多、地下线路多、配套工程多、施工干扰多，场地布置难、临时排水难、用土处理难、土基压实难等），而且要考虑其他设施和项目的影响（如路面、桥涵、隧道、防护与加固工程、排水设施等）及保护生态环境。

（3）在保证施工质量符合工艺要求和标准的条件下，应积极推广使用经过鉴定的新材料、新设备、新工艺和新的检验方法，并因地制宜合理地利用当地材料和工业废料。

（4）路基用地范围内的各种管线工程和附属构筑物，应按照"先地下，后地上""先深后浅"的原则施工，避免道路反复开挖。回填时，必须重视管线沟槽回填土的质量，使其达到与路基相同的设计强度。

（5）路基施工必须贯彻安全生产的方针，制定安全技术措施，加强安全教育，严格执行安全操作规程，确保安全生产。

三、路基施工的基本方法

1. 简易机械化施工

本方法以人力为主，配以机械或简易机械，能减轻工人的劳动强度，加快施工进度。

2. 机械化施工或综合机械化施工

本方法是使用配套机械，主机配以辅机，相互协调，共同形成主要工序的综合机械化作业，能极大地减轻劳动强度，显著加快施工进度，提高工程质量和劳动生产率，降低工程造价，保证施工安全。目前，我国城市道路的施工大多采用这种方法。

3. 爆破法施工

本方法主要用于石质路基和冻土路基开挖，在隧道工程中，亦广泛应用，并配以相应的钻岩机钻孔与机械清理；亦可用于石料的开采与加工等。

4. 水力机械化施工

本方法是使用水泵、水枪等水力机械，喷射强力水流，冲散土层并流运至指定地点沉积，亦可作采取沙料或地基加固之用。对于沙砾填筑路堤或基坑回填，还可起密实作用（水夯法）。本方法适用于挖掘比较松散的土质及地下钻孔等施工。

上述施工方法的选择，应根据工程性质、地质条件、施工条件等因素经过论证确定。当采用新技术、新工艺、新材料、新设备进行路基施工时，应采用不同的方案在试验路段上施工，其位置应是地质条件、断面形式、填料均具代表性的地段，其长度不宜小于100m，以便从中选出路基施工的最佳方案，指导全线施工。

四、施工前的准备工作

施工准备工作的基本任务是为拟建工程的施工建立必要的技术和物质条件，统筹安排施工力量和施工现场。实践证明，认真做好施工准备工作，对于保证工程施工的顺利进行、发挥企业优势、合理供应资源、加快施工速度、提高工程质量、降低工程成本、增加经济效益、赢得社会信誉、实现管理现代化等具有重要的意义。

1. 劳动组织准备

劳动组织准备主要是建立健全施工队伍和组织机构，明确施工任务，制定必要的规章制度，确立施工应达到的目标等。劳动组织准备是做好一切准备工作的前提。

（1）建立健全施工组织机构。根据拟建工程项目的规模、结构特点和复杂程度，确定拟建工程项目的项目经理，设立项目经理部。

（2）组建施工队伍。根据所承揽工程的大小和工期，编制出施工总进度计划网络图，并进一步估算出全部工程的用工日数、平均用工人数、施工高峰期用工人数，以及各专业、工种的合理配合，技工、普工的比例等，选择能适应其工程质量和进度要求的施工队组，并与其签订劳动合同，实行合同管理。

（3）建立健全各项管理制度。其内容包括：工程质量检验与验收制度，工程技术档案管理制度，建筑材料（构件、配件、制品）的检查验收制度，技术责任制度，施工图纸学习与会审制度，技术交底制度，职工考勤、考核制度，工地及班组经济核算制度，材料出入库制度，安全操作制度，机具使用和保养制度等。

2. 物资准备

材料、构（配）件、制品、机具和设备是保证施工顺利进行的物质基础，这些物资的准备工作必须在工程开工之前完成。根据各种物资的需要量计划，分别落实货源，安排运输和储备，使其满足连续施工的要求。

3. 技术准备

技术准备是施工准备工作的核心。由于任何技术的差错或隐患都可能引起人身安全和质量事故，造成生命、财产和经济的巨大损失。因此必须认真地做好技术准备工作。

（1）原始资料的调查分析。进行拟建工程的实地勘测和调查，获得有关数据的第一手资料，对于拟订一个先进合理、切合实际的施工组织设计是非常必要的。

①自然条件的调查分析。该分析包括建设范围内水准点和绝对标高，地质构造、土的性质和类别、地基土的承载力、地震级别和裂度，河流流量与水质、最高洪水期的水位，地下水位的高低变化情况，含水层的厚度、流向、流量和水质，气温、雨、雪、风和雷电，土的冻结深度和冬雨季的期限等情况。

②技术经济条件的调查分析。该分析包括地方建筑施工企业的状况，施工现场的动迁状况，当地可利用的地方材料状况，国拨材料供应状况，地方能源和交通运输状况，地方劳动力和技术水平状况，当地生活供应、教育和医疗卫生状况，当地消防、治安状况和参加施工单位的力量状况等。

（2）熟悉、审查施工图纸。根据建设单位和设计单位提供各类设计图、城市规划图、国家有关的设计、施工验收规范和技术规定，熟悉施工图纸，掌握施工对象的特点、要求和内容。

（3）编制施工预算。施工预算是根据中标后的合同价、施工图纸、施工组织设计或施工方案、施工定额等文件进行编制的，它直接受中标后合同价的控制。它是施工企业内部控制各项成本支出、考核用工、"两价"对比、签发施工任务单、限额领料、基层进行经济核算的依据。

（4）编制中标后的施工组织设计。建筑施工生产活动的全过程是非常复杂的物质财富再创造的过程，为了正确地处理人与物、主体与辅助、工艺与设备、专业与协作、供应与消耗、生产与储存、使用与维修以及它们在空间布置、时间排列之间的关系，必须根据拟建工程的规模、结构特点和建设单位的要求，在原始资料调查分析的基础上，编制出一份能切实指导该工程全部施工活动的科学方案（施工组织设计）。

4.施工现场准备

施工现场是施工的全体参加者为夺取优质、高速、低耗的目标，而有节奏、均衡连续地进行战术决战的活动空间。施工现场的准备工作，主要是为了给拟建工程的施工创造有利的施工条件和物资保证。其具体内容如下：

（1）征地与拆迁。根据划定的建设用地范围征用土地、拆迁房屋、电信及管线等各种障碍物；对路线范围内的垃圾堆、水潭、草丛、软土、淤泥等进行妥善处理；复核地下隐蔽设施、外露的检查井、消防栓、人防通气孔的位置和标高，并在图纸上注明，以备施工交底；文物古迹、测量标志必须加以保护，园林绿地和公共设施应避免污染损坏。同时，做好场地排水，保证施工现场的道路、生产和生活用水、用电畅通。

（2）施工放样。路基开工前，应在现场恢复和固定路线，并标定用地范围。其内容主要包括：导线、中线及水准点复测、增设水准点并检查核对、横断面检查核对与补测，并提出改进设计的建议。

（3）做好施工现场的补充勘探。对施工现场做补充勘探是为了进一步寻找枯井、防空洞、古墓、地下管道、暗沟和枯树根等隐蔽物，以便及时拟订处理隐蔽物的方案，并实施。

（4）建造临时设施。按照施工总平面图的布置，建造临时设施，为正式开工准备好生产、办公、生活、居住和储存等临时用房。

（5）安装、调试施工机具。按照施工机具需要量计划、组织施工机具进场，根据施工总平面图将施工机具安置在规定的地点及仓库。对于固定的机具要进行就位、搭棚、接电源、保养和调试等工作。对所有施工机具都必须在开工之前进行检查和试运转。

（6）做好建筑构（配）件、制品和材料的储存和堆放。按照建筑材料、构（配）件和制品的需要量计划组织进场，根据施工总平面图规定的地点和指定的方式进行储存和堆放。

（7）及时提供建筑材料的试验申请计划。按照建筑材料的需要量计划，及时提供建筑材料的试验申请计划，如钢材的机械性能和化学成分等试验，混凝土或砂浆的配合比和强度试验等。

（8）做好冬雨季施工安排。按照施工组织设计的要求，落实冬雨季施工的临时设施和技术措施。

（9）进行新技术项目的试制和试验。按照设计图纸和施工组织设计的要求，认真进行新技术项目的试制和试验。

（10）设置消防、保安设施。按照施工组织设计的要求，根据施工总平面图的布置，建立消防、保安等组织机构和有关的规章制度，布置安排好消防、保安等措施。

5. 施工场外准备

（1）材料的加工和订货。建筑材料、构（配）件和建筑制品大部分需外购，工艺设备更是如此。因此加强与加工部门、生产单位联系，签订供货合同，搞好及时供应，对于施工企业的正常生产是非常重要的；对于协作项目也是这样，除了要签订议定书之外，还必须做大量有关方面的工作。

（2）做好分包工作和签订分包合同。由于施工单位本身的力量所限，有些专业工程的施工、安装和运输等均需要向外单位委托或分包。根据工程量、完成日期、工程质量和工程造价等内容，与其他单位签订分包合同、保证按时实施。

（3）向上级提交开工申请报告。当材料的加工、订货和做好分包工作、签订分包合同等施工场外的准备工作完成后，应该及时地填写开工申请报告，并上报上级主管部门批准。

第二节 土质路基施工

一、土质路基填筑

（一）填筑方案

1. 分层填筑

（1）水平分层填筑。填筑时按照横断面全宽分成若干水平层次，从最低处逐层向上填筑，每层填土的厚度可按压实机具的有效压实深度和压实度确定。

（2）纵向分层填筑。用推土机从路堑取土填筑距离较短的路堤，依纵坡方向分层填筑、压实直至达到设计高程。

2. 竖向填筑方案

在深谷陡坡地段，无法自下而上地分层填筑路堤，只能从路堤的一端或两端按横断面全部高度逐步推进填筑。

3. 混合填筑方案

在深谷陡坡地段可采用上层水平分层填筑、下层竖向填筑的混合填筑方案。

（二）土质路堤施工技术要点

1. 路堤基底的处理

路堤基底是指土石填料与原地面的接触部分。为使两者结合紧密，防止路堤沿基底发生滑动，或路堤填筑后产生过大的沉陷变形，则可根据基底的土质、水文、坡度和植被情况及填土高度采取相应的处理措施。

（1）密实稳定的土质基底。当地面横坡不陡于1∶5，应将原地面草皮等杂物清除。地面横坡为1∶5~1∶2.5时，在清除草皮杂物后，还应将原地面挖成台阶，每级台阶宽度应不小于1m，高度不大于30cm，台阶顶面做成向内倾斜2%~4%的斜坡。

当横坡陡于1∶2.5时，必须检算路堤整体沿路基底及基底下软弱层滑动的稳定性，抗滑稳定系数不得小于规范规定值，否则应采取措施改善基底条件或设置支挡结构物等做防滑处置。

（2）覆盖层不厚的倾斜岩石基底。当地面横坡为1∶5~1∶2.5时，需挖除覆盖层，并将基岩挖成台阶。当地面横坡度陡于1∶2.5时，应进行特殊处理，如设置护脚或护墙。

（3）耕地或松土基底。路堤基底为耕地或松土时，应先清除有机土、种植土，平整压实后再进行填筑。在深耕地段，必要时应将松土翻挖、土块打碎，然后回填、找平、压实。经过水田、池塘或洼地时，应根据具体情况采取排水疏干、挖除淤泥、打砂桩、抛填片石或沙砾石等处理措施，以保持基底的稳固。

（4）路堤基底原状土的强度不符合要求时，应进行换填，其深度应不小于30cm，并予以分层压实，压实度应达到设计要求。

（5）加宽旧路堤时，所用填土宜与旧路相同或选用透水性较好的土，清除地基上的杂草，并沿旧路边坡挖成向内倾斜的台阶，其宽度不小于1m。

（6）做好原地面临时排水设施，并与永久排水设施相结合。当路基稳定受到地下水的影响时，应予拦截或排除，引地下水至路堤基底范围以外。如处理有困难时，则应当在路堤底部填以渗水土或不易风化的岩块，使基底形成水稳性好的厚约30cm的稳定层或采用土工织物设置隔离层的方法处理。

2. 路基填料的选择

不得采用设计或规范规定的不适用土料作为路基填料，路基填料强度（采用单位压力与标准压力之比的百分数——承载比CBR来衡量）应符合规范和设计规定。应优先选用级配较好的沙类土、砾类土等粗粒土作为填料，填料最大粒径应小于150mm。具体规定如下：

（1）路堤填料不得使用淤泥、沼泽土、冻土、有机土、含草皮土、生活垃圾、树根和含有腐朽物质的土，以及有机质含量大于5%的土。

（2）液限大于50，塑性指数大于26的土，以及含水量超过规定的土，不得直接作为路基填料。需要应用时，必须采取技术措施，使其满足设计要求并经检验合格后方可使用。

（3）钢渣、粉煤灰等材料，可用作路堤填料。其他工业废渣在使用前应进行有害物质的含量试验，避免有害物质超标，污染环境。

（4）捣碎后的种植土，可用于路堤边坡表层以利绿化。

3.路基填筑压实要求

路基必须分层填筑压实，每层表面平整，路拱合适，排水良好。其施工要点如下：

（1）填筑路堤宜采用水平分层填筑法施工。

①严格控制碾压最佳含水量。当用透水性不良的土填筑路堤时，应控制其含水量在最佳含水量2%之内。

②严格控制松铺厚度。采用机械压实时，快速路及主干路的分层最大松铺厚度不应超过30cm；次干路及支路，按土质类别、压实机具功能、碾压遍数等，经过试验确定，但最大松铺厚度不宜超过50cm。填筑至路床顶面最后一层的最小压实厚度，不应小于8cm。

③严格控制路堤几何尺寸和坡度。路堤填土宽度每侧应比设计宽度宽出30cm，压实合格后，进行削坡。

④掌握压实方法。压实应先边后中，以便形成路拱；先轻后重，以适用逐渐增长的土基强度；先慢后快，以免松土被机械推动。同时应在碾压前，先行整平，可自路中线向路堤两边整成2%~4%的横坡。在弯道部分碾压时，应由低的一侧边缘向高的一侧边缘碾压，以便形成单向超高横坡，前后两次轨迹（或夯击）需重叠15~20cm。应特别注意控制均匀压实，以免引起不均匀沉陷。

⑤加强土的含水量检查。

（2）山坡路堤，当地面横坡不陡于1：5且基底处理合格，路堤可直接修筑在天然的土基上。并用小型夯实机加以夯实。填筑应由最低一层台阶开始，然后逐台向上填筑，分层夯实。所有台阶填完并合格后，即可按一般填筑要求进行。沙类土上则不挖台阶，但应将原地面以下20~30cm的表土翻松。

横坡陡峻地段的半填半挖路基，必须在山坡上从填方坡脚向上挖成向内倾斜的台阶，其宽度不应小于1m。其中挖方一侧，在行车范围之内的宽度不足一个行车道宽度时，则应挖够一个行车道宽度，其上路床深度范围之内的原地面土应予以挖除换填，并按上路床填方的要求施工。

（3）若填方分几个作业段施工，两段交接处不在同一时间填筑，则先填地段应按1：1坡度分层留台阶。若两个地段同时填，则应分层相互交叠衔接，其搭接长度不得小于2m。

（三）土石路堤施工技术要点

（1）认真做好基底处理。土石路堤的基底处理同填土路堤。

（2）控制填料质量。天然土石混合材料中所含石料强度大于20MPa时，石块的最大粒径不得超过压实厚度的2/3，超过的应清除；当所含石料为软质岩（强度小于15MPa）时，石料最大粒径不得超过压实层厚，超过的应打碎。

（3）在土石混合料填筑时，不得采用倾填方法施工，应分层填筑、分层压实，且应注意避免硬质石块（特别是尺寸过大的硬质石块）集中。松铺厚度宜为 30~40cm 或经试验确定（注意应根据压实机具类型和规格来考虑决定）。

（4）压实后渗水性差异较大的土石混合料应分层分段填筑，不宜纵向分幅填筑。如确需纵向分幅填筑，应将压实后渗水良好的土石混合料填筑于路堤两侧。

（5）当土石混合料来自不同路段，其岩性或土石混合比相差较大时，应分层分段填筑。

如不能分层分段填筑，应将含硬质石块的混合料铺于填筑层的下面，且石块不得过分集中或重叠，上面再铺含软质石料混合料，然后整平碾压。

（6）土石路堤的路床顶面以下 30~50cm 范围内，应填筑符合路床要求的土并分层压实，填料最大粒径不大于 15cm。

（四）填石路堤填筑施工技术要点

填石路堤是指用粒径大于 40mm，石料含量超过 70% 的石料填筑的路堤。

（1）填石路堤的基底处理同填土路堤。

（2）填料的要求。膨胀性岩石、易溶性岩石、崩解性岩石和盐化岩石等均不得应用于路堤填筑。填石路堤的石料强度不应小于 15MPa（用于护坡的不应小于 20MPa），石料最大粒径不宜超过层厚的 2/3。

（3）施工中应将石块逐层水平填筑，分层厚度不宜大于 0.5m。大面向下摆放平稳，紧密靠拢，所有缝隙填以小石块或石屑。在路床顶面以下 50cm 范围内应铺有适当级配的沙石料，最大粒径不超过 15cm。超粒径石料应进行破碎，使填料颗粒符合要求。

（4）填石路堤应使用重型振动压路机分层洒水压实，压实时继续用小石块或石屑填缝，直到压实层顶面稳定、不再下沉且无轨迹、石块紧密、表面平整为止。

（5）填石路基倾填前，路堤边坡坡脚应用粒径大于 30cm 的硬质石料码砌。当设计无规定时，填石路堤高度小于或等于 6m 时，起码砌厚度不应小于 1m；大于 6m 时，不应小于 2m。

（6）填石路堤的填料如其岩性相差较大，则应将不同岩性的填料分层或分段填筑。如路堑或隧道基岩为不同岩种互层，允许使用挖出的混合石料填筑路堤，但石料强度不应小于 15MPa，最大粒径不宜超过层厚 2/3。

（7）用强风化石料或软质岩石填筑路堤时，应按土质路堤施工规定先检验其 CBR 值。如 CBR 值不符合要求则不能使用；符合要求时，则按土质路堤的技术要求施工。

（五）路堤边坡施工技术要点

（1）路堤边坡坡度应根据现场的填料种类、边坡高度和基底工程地质条件等确定。在核对设计文件时，应特别注意填料是否与设计要求相符和基底情况相一致。

（2）对于非黏性土，可采用直线滑动面法进行验算；对于黏性土，可采用圆弧滑动面法进行验算。验算时，稳定系数不得小于 1.25。

（3）填方边坡较高时，可在边坡中部每隔 8~10m 设边坡平台一道，其宽度为 1.3m，用浆砌片石或水泥混凝土预制块防护。边坡平台内侧设排水沟时，平台应做成 2%~5% 向内侧倾斜的排水坡度，排水沟可用三角形或梯形断面。当水量大时，宜设置 30cm × 30cm 的矩形、三角形或 U 形排水沟，排水沟可用水泥混凝土预制构件拼装，沟壁厚度 5~10cm。

（4）受水浸淹的路基边坡坡度，在设计水位以上部分视填料情况可采用 1:1.75~1:2，在水位以下部分可采用 1.2~1:3。如用渗水性好的土填筑或设边坡防护时，可采用较陡的边坡。

（5）填石路基应采用不易风化的开山石料填筑，边坡坡度可采用 1:1，边坡坡面应选用大于 25cm 的石块进行台阶式码砌，其厚度为 1~2m。填石路堤的高度不宜超过 20m。易风化岩石及软质岩石用作填料时，应按土质路堤边坡要求处理。

（6）护肩路基的护肩应采用当地不易风化的片石砌筑，高度一般不超过 2m，其内、外坡均直立，基底面以 1:5 坡度向内倾斜。当护肩高度小于 1m 时，顶宽宜采用 0.8m；当高度大于 1m 时，顶宽宜采用 1m。护肩内侧应填石，护肩的襟边宽度；当地基为弱风化硬质岩石时，取 0.2~0.6；当地基为强风化岩石或软质岩石时，取 0.6~1.5；当地基为弱风化密实的粗粒土时，取 1.0~2.0。

二、路堑开挖及其施工技术

路堑是道路通过山区与丘陵地区的一种常见路基形式，由于是开挖建造，所以结构物的整体稳定是路堑设计和施工的中心问题。

1. 路堑开挖方案

土质路堑开挖，应根据挖方数量大小及施工方法的不同而确定开挖方案。

（1）纵向全宽掘进开挖（横挖法）。纵向全宽掘进开挖是在路线一端或两端，沿路线纵向向前开挖。单层掘进开挖，其高度即等于路堑设计深度，掘进时逐段成型向前推进，由相反方向运土送出。单层掘进的高度受到人工操作安全及机械操作有效因素的限制，如果施工紧迫，对于较深路堑，可采用双层或多层开挖纵向掘进开挖，上层在前，下层随后，下层施工面上留有上层操作的出土和排水通道，层高视施工方便且能保证安全而定，一般为 1.5~2.0m。

（2）横向通道掘进开挖（纵挖法）。横向通道掘进开挖是先在路堑纵向挖出通道，然后分段同时由横向掘进。此法工作面多，既可人工施工，亦可机械施工，还可分层纵向开挖，即将路堑分为宽度和深度都合适的纵向层次向前掘进开挖。可采用各式铲运机施工；在短距离及大坡度时，可用推土机施工；如系较长较宽的路堑，可用铲运机并配以运土机具进行施工。

（3）混合式掘进开挖。混合式掘进开挖是上述两法的综合，即先顺路堑开挖通道，然后沿横向坡面挖掘，以增加开挖坡面，每一开挖坡面应能容纳一个施工组或一台开挖机械作业。在较大的挖土地段，还可沿横向再挖沟，配以传动设备或布置运土车辆。当路线纵向长度和深度都很大时，宜采用混合式开挖法。

2.路堑开挖施工技术要点

（1）做好施工前的准备工作，包括复查施工组织设计、核实调整土方调运图表、施工现场清理、施工放样、临时排水设施施工、施工机械的准备及环保措施的落实等。

（2）进行土方开挖。

①已开挖的适用于种植草皮和其他用途的表土，应储存于指定地点，以便取用。

②根据试验，对开挖出的适用于填筑的材料应分类存放。不适用于填筑的材料，应按相关规定妥善处理。

（3）换填符合要求的土。当路堑路床下为有机土、难以晾干压实的土、CBR 值达不到规定要求的土等不宜做路床的土时，均应清除，换填符合要求的土。

（4）做好边沟与截水天沟的开挖施工。

①边沟、截水沟及其他引、截、排水设施应严格按照设计图纸施工，其出水口应通至桥涵进、出水口处。截水沟不应通过地面坑凹处，必须通过时，应按照路堤填筑要求将凹处填平压实后，再开挖沟槽，并防止不均匀沉陷和变形。

②平曲线边沟沟底内侧不得有积水，沟顶不得有水外溢现象发生。

③路堑和路堤交接处的边沟应平缓引向路堤两侧的天然沟或排水沟，不得冲刷路堤。路基坡脚附近不得积水。

④所有排水沟渠应从下游出口向上游开挖。

（5）所有排截水设施应满足：沟基稳固，沟形整齐，沟坡、沟底平顺，沟内无浮土杂物，沟水排泄不对路基产生危害。严禁在未加处理的弃土上挖排水沟。

截水沟的弃土应用于路堑与藏水沟间修筑土台，并分层压实（夯实），台顶设 2% 倾向截水沟的横坡，土台边缘坡脚距路堑顶的距离不应小于设计规定。

（6）当挖方地段遇有地下含水层时，应根据现场实际情况，采取有效的排水措施予以处理。当路堑路床顶部以下位于含水量较多的土层时，应换填透水性良好的材料，换填深度应满足设计要求，并整平凹槽底面，设置渗沟，将地下水引出路外，再分层回填压实。

（7）认真妥善处理弃土。

①在开挖路堑弃土地段前，应提出弃土的施工方案（包括弃土方式、调运方案、弃土位置、弃土形式、坡脚加固方案、排水系统的布置及计划安排等），报有关单位批准后实施。

②路基弃土应堆放齐整，不得任意倾倒，并采取必要的排水、防护和绿化措施。山坡上弃土应注意避免破坏或掩埋路基下侧的林木、农田、自然形成的天然排水通道及其他工程设施，沿河弃土应避免堵塞河道或引起水流冲毁农田、房屋。

③弃土堆的边坡不应陡于 1∶1.5，顶面向外应设不小于 2% 的横坡，其高度不宜大于3m。路堑旁的弃土堆，其内侧坡脚与路堑顶之间的距离，对于干燥硬土不应小于 3m；对于软湿土不应小于路堑深度加 5m。

④在山坡上侧的弃土堆应连续而不中断，并在弃土前设截水沟；山坡下侧的弃土堆应每隔 50~100m 设不小于 1m 的缺口排水，弃土堆坡脚应进行防护加固。

⑤严禁在岩溶漏斗处，暗河口处、贴近桥墩台处弃土。

⑥尽可能与当地农田建设和自然环境相结合，利用弃土改地造田。

⑦路侧弃土堆一般可设在附近低地或路堑处原地面下坡的一侧，当地面横坡缓于 1∶5 时，可设在路堑两侧。

三、挖方路基的边坡坡度要求与施工技术要点

1. 路基的边坡坡度

（1）土的挖方边坡坡度主要与边坡高度、土的湿度、密实程度、地下水、地表水情况、土的成因类型及生成时代等因素有关。

（2）岩石的挖方边坡坡度主要与岩性、地质构造、岩石的风化破碎程度、边坡高度、地下水及地表水等因素有关。

2. 施工技术要点

（1）土的挖方边坡坡度应根据调查路线附近已建工程的人工边坡及自然山坡稳定状况，土的密实程度划分应通过挖坑试验判别。

（2）砾石类土的挖方边坡坡度主要与砾石土成因、岩块成分和大小、密实程度及休止角有关，并应结合当地水文条件和边坡高度进行对比分析、论证确定边坡坡度大小。

（3）在边坡施工中，由于设计时所采用的参数可能与现场的实际土质情况不相符合，因此，施工技术人员应注意随着填、挖的进行，对影响边坡坡度稳定的因素进行认真的观察分析，如发现设计的边坡坡度不能达到边坡稳定的情况时，应按相关规定考虑变更设计，以确保边坡稳定。

第三节 石质路基施工

一、爆破的基本原理和应用范围

1. 爆破作用的基本原理

为了爆破某一物体而在其中或表面放置一定数量的炸药，称为药包。它按形状可分为集中药包（药包的形状接近球形或立方体）、延长药包（药包的长边超过短边的 4 倍）、分集药包（将一个集中药包分为几个间隔一定距离的集中子药包）。

（1）药包在无限介质内的作用。药包在无限介质内爆炸时，炸药在瞬间内通过化学反应由固态转化为气态，体积增加百倍乃至数千倍，并产生不小于 15000MPa 的静压力，同时产生温度高达 1500℃ ~4500℃、速度高达每秒上千米的冲击波，自药包中心按球面等

量向外扩散，传递给周围介质，使介质产生各种不同程度的破坏和振动现象。这种现象随距药包中心的距离增大而逐渐消失。介质按破坏程度的不同，大致可分为四个爆破作用圈。

①压缩圈（R 压表示压缩圈半径）。在这个作用圈范围内，介质直接承受药包爆炸所产生的极其巨大的作用力。如果介质是可塑性的土，便会遭到压缩形成空腔；如果是坚硬的脆性岩石，便会被粉碎。所以把 R 压这个球形区叫作压缩圈或破碎圈。

②抛掷圈。在压缩圈范围以外至 R 抛的区间，所受的爆破作用力虽较压缩圈内小，但介质原有的结构受到破坏，分裂成为不同尺寸和形状的碎块，而且爆炸尚有余力，足以使这些碎块获得运动速度。如果在有限介质内，这个区间的某一部分处在临空的自由条件下，破坏了的介质碎块便会产生抛掷现象，因而叫作抛掷圈。但在无限介质内不会产生任何的抛掷现象。

③松动圈。在抛掷圈以外至 R 松的区间，爆炸力大大减弱，但仍能使介质结构受到不同程度的破坏，只是爆炸已无余力使破碎岩石产生抛掷运动，因而叫松动圈。

④振动圈。在松动圈以外到 R 振的区间，微弱的爆破作用力不能使介质产生破坏。这时介质只能在冲击波的传播下，发生振动现象，叫作振动圈。振动圈以外爆破作用能量就会消失了。

（2）药包在有限介质内的爆破作用与爆破漏斗。药包在有限介质内爆炸时，在具有临空的表面上会出现一个爆破坑，一部分炸碎的土石被抛到坑外，一部分仍落在坑底。由于爆破坑形状如同漏斗，称为爆破漏斗。

2. 工程爆破的适用范围

（1）松动爆破。松动爆破通常用于将岩石破碎而不大量抛掷岩块。其爆破方法有药室法、钻孔（深孔、浅孔）法和药壶法等。

①减弱松动爆破。多用于道路路堑开挖和边坡的整修。

②一般松动爆破。常用于岩土爆破。

③加强松动爆破。一般用于平坦或坡度较平级地带微风化岩层中路堑、沟渠工程的开掘。其特点是既可抛出一定数量的岩块，又可保持边坡稳定。

（2）抛掷爆破。

①标准抛掷爆破。常用于药室大爆破，特别是山区斜坡地形开掘路堑、渠道等。其中最有利地形条件是 30°~70° 的坡地。

②加强抛掷爆破。多用于平坦地形中开挖基坑、路堑、沟渠等，既可开挖岩土，又能将大部分碎块抛掷到一定距离与位置。

③定向爆破。多用于移挖作填或直接利用挖方填筑路堤、水堤等工程。它是利用爆破能量将岩土集中抛掷到所要求的指定位置的爆破施工方法。

3. 常用的爆破方法、起爆器材与起爆方法

开挖岩石路基常用的爆破方法，一般可分为中小型爆破和大型爆破两大类。

（1）中小型爆破方法

①裸露药包法。将药包置于被炸物体表面或经清理的岩缝中，药包表面用草皮或稀泥覆盖，然后进行爆破。该法主要用于破碎大孤石或进行大块岩石的二次爆破。

②炮眼法（钢钎炮）。指炮眼直径和深度分别小于7cm和5m的爆破方法。一般情况下，单独使用钢钎炮爆破石方是不大经济的，这是因为：A.炮眼直径小，炮眼浅，装药量受限制，一般最多装药为眼深的1/3~1/2，每次爆破的石方量不大（通常不超过10m³），所以工效低。B.由于眼浅，爆破时爆炸气体很容易冲出，变成不做功的声波，以致响声大而炸下的石方不多，个别石块飞得很远，不利于爆破能量的利用。因此，在路基石方集中时，应尽可能少地用这种炮型。但是，由于此法操作简便，对设计边坡的岩体振动损害小，平均耗药量也少，机动灵活，因此它又是一种不可缺少的炮型。常用于土石方量分散而小的工程以及整修边坡、开挖边沟、炸孤石等，也常用此法改造地形，为其他炮型服务。

炮眼的位置应选择在临空面多的地方。炮眼方向不要与岩石的节理和裂缝相平行，而应与之垂直，不可避免时则炮眼应与裂缝有一定距离，否则爆炸气体将会沿裂缝逸散，降低爆破效果。只有一面临空时，炮眼应与临空面斜交呈30°~60°夹角。

③药壶法（葫芦炮）。该法指在深2.5m以上的炮眼底部用少量炸药经一次或多次烘膛，使炮眼底部扩大成葫芦形，集中埋置炸药，以提高爆破效果的一种炮型。它适用于结构均匀致密的硬土、次坚石、坚石。对炮眼深度小于2.5m、节理发达的软石或薄层岩石、渗水或雨季施工，不宜采用。

（2）大爆破

大爆破系采用导洞和药室装药，用药量在1000kg以上的爆破。大爆破主要用于石方大量集中、地势险要或工期紧迫的路段施工。

（3）微差爆破（毫秒爆破）

微差爆破是指两相邻药包或前后排药包以毫秒的时间间隔（一般为15~17ms）依次起爆的爆破，可提高爆破效果。

（4）光面爆破

光面爆破是指在开挖限界处，按适当间隔布置炮孔，在有侧向临空面的条件下（主爆孔的药包先爆破后），用控制抵抗线和药量的方法进行的爆破，可形成光滑平整的边坡。

（5）预裂爆破

预裂爆破是指在开挖限界处，按适当间隔布置炮孔，在没有侧向临空面和最小抵抗线的情况下，即在开挖主爆孔的药包爆破前，用控制药量的办法，预先炸出一条裂缝，使拟爆破体与山体分开，作为隔振减振带，起保护和减弱开挖限界以外山体或建筑物的地震破坏作用。

（6）起爆器材

①火雷管（也称普通雷管）。火雷管由雷管壳加强帽三部分组成，在管壳开口的一端留有15mm长的空院，以便插入导火索，另一端做成窝槽状。它是用导火索来引爆的。

②电雷管。电雷管的构造与火雷管基本相同，不同的是在管壳口的一端有一个电气点火装置，通电时，电流通过电桥丝将引燃剂点燃，使正起炸药爆炸。电雷管是用电流点火引爆炸药的。电雷管又分为即发电雷管和迟发电雷管。即发电管用于同时点火同时起爆的爆破线路中，迟发电雷管用于同时点火，但不同时爆炸的爆破线路中。迟发电雷管构造与即发电雷管基本相同，只是在引火药与起爆药之间装有燃烧速度相当准确的缓燃剂。

（7）起爆方法

①导火索及火花起爆法。导火索是点燃火雷管的辅助材料，外形为圆形索线，索心内装有黑火药，中间有纱导线，心外紧缠数层纱包线与防潮纸（或防潮剂）。对导火索的要求是燃烧完全、燃速恒定。根据使用要求导火索的正常燃烧速度为 100~120s/m，缓燃燃速为 180~210s/m。

②电力起爆法。电雷管是用点火器通过电爆导线起爆的。点火器即为产生电流的电源，如干电池组、蓄电池、手播起爆机（小型发电机）等。

③传爆线及传爆线起爆法。传爆线又称导爆索，其索心用黑索金或泰安等高级烈性炸药制成，爆速为 6800~7200m/s，内有双层棉织物，一层为防潮层，一层为缠绕着的纱线。为与导火索区别，表面涂成红色或红黄相间等色。传爆线着火较困难，使用时须在药室外的一段传爆线上捆扎一个 8 号雷管来起爆。传爆网络与药包的连接方式有并联、串联、共簇联等。由于传爆线的爆速快，故在大量爆破的药室中，使用传爆线起爆可以提高爆破效果，但必须严格遵守安全规程。

二、爆破施工技术

1.爆破施工技术安点

（1）爆破施工设计的基本文件包括：爆破工点的地质图、地形图，采用爆破方法的依据和相应的炮眼布置图，爆破规模较小时，可只提出钻孔、装药和起爆的说明或规定；主要爆破参数和控制装药量的设计计算书；爆破安全距离计算及其安全防护措施；起爆网络的说明或设计计算书；设计文件批准书。

（2）沟槽、附属结构物基坑的开挖，宜采用控制爆破，以保持岩石的整体性。在风化岩层上，应做防护处理。

（3）路基和基坑完工后，应按设计要求，对标高、纵横坡度和边坡进行检查，做好边坡基底的整修工作，碎裂块体应全部清除。超挖回填部分应严格控制填料的质量，以防渗水软化。

（4）填筑路段石料不足时，可在路基外部填石、内部填土或下部填石、上部填土，土石上下结合面应设置反滤层。

（5）路基岩石爆破，应根据爆破工点周围的环境及施工机具，结合地形、地质条件选择合理的爆破方案，制订爆破施工设计文件。爆破参数应通过现场试验，确认无误后方能在施工中正式采用。

（6）市区石方爆破应以小型爆破、控制爆破或静态破碎为主，郊区及有条件的市区可采用中型爆破。爆破施工应制定爆破设计文件和安全技术措施，经公安部门批准后实施。

（7）在市区及交通要道，应采用电力起爆和导爆管起爆。起爆炮孔装药，必须制作起爆药包，严禁将雷管直接投入炮孔装填。

（8）控制爆破适用于城市道路中各种建筑物及其设备和文物古迹近距离内的岩石爆破，并可用以拆除各种砖石、混凝土结构。

（9）采用控制爆破施工时，应减少一次同时起爆的炸药量，采用间隔装药和微差爆破；爆破的飞石安全距离仍需估算，为防止飞石带来破坏，应采用高强度填孔材料和安全防护措施；计算参数必须通过试验验证并达到预期效果时，方可采用。

（10）静态破碎法适用于切割或破碎混凝土和岩石设计。破碎混凝土时，对被破碎体的结构和强度，应先进行分析，然后选择设计参数，切割（破碎）岩石时，应对地质构造、岩石坚硬程度、层理、节理以及地下水状况进行调查了解，综合实际情况，然后选择设计参数；各种不同型号的破碎剂应通过有关部门鉴定后方可使用。

（11）一次起爆的用药量，对结构物地基产生的振动速度及其相应的危害程度，应通过试验确定。一次起爆的用药量对结构物地基引起的振动速度严禁超出其允许值。

2. 其他注意事项

（1）对需用爆破法开挖的路段，如空中有缆线，应查明其平面位置和高度，如地下有管线，应查明其平面位置和埋设深度；同时调查开挖边界线外的建筑物结构类型、完好程度、距开挖界距离，然后制定爆破方案。

（2）进行爆破作业时，必须由经过专业培训并取得爆破证书的专业人员进行施爆。

（3）开挖风化较严重、节理发育或岩层产状对边坡稳定不利的石方，宜用小型排炮微差爆破。小型排炮药室距设计边坡线的水平距离，不应小于炮孔间距的1/2。

（4）当岩层走向与路线走向基本一致、倾角大于15°且倾向道路或开挖边界线外有建筑物，施爆可能对建筑物地基造成影响时，应在开挖层的边界沿设计坡面打预裂孔，孔深同炮孔深度，孔内不装炸药和其他爆破材料，孔的距离不宜大于炮孔纵向间距的1/2。

（5）开挖层靠近边坡的两列炮孔或靠顺层边坡的一列炮孔，宜采用减弱松动爆破。

（6）开挖边坡外有必须保证安全的和重要的建筑物，即使采用了减弱松动爆破都无法保证建筑物的安全时，应采用人工开凿、化学爆破或控制爆破。

（7）在开挖区应注意排水，在纵向和横向形成坡面开挖面，其坡度应满足排水要求，以确保爆破出的石料不受积水浸泡。

（8）炮眼位置选择：炮位设置应避开溶洞和大的裂隙，避免在两种岩石硬度相差很大的交界面处设置炮孔药室；非群炮的单炮或数炮施爆，炮孔宜选在抵抗线最小，临空面较多，且与各临空面大致距离相等的位置，同时应为下次布设炮孔创造更多的临空面；群炮宜分排或分段采用微差爆破；非群炮的单炮或数炮施爆，炮眼方向宜与岩石临空面大致平行，一般按岩石外形、节理、裂隙等情况，分别选择正眼炮、斜眼炮、平炮眼或吊眼炮等。

第四节　路基压实施工技术

一、土基压实标准及其应用

1. 土基压实标准

土基的压实程度用压实度来表示，以此来检查和控制压实的质量。压实度是指土被压实后的干密度与该土的标准最大干密度之比，用百分率表示。

我国现行规范《城市道路路基工程施工及验收规范》（CJJ44-91）规定的压实标准见表 1-1，表中给出了轻、重两种击实标准的压实度，一般情况下应采用重型击实标准，特殊情况下可采用轻型击实标准。

表1-1　路基压实度表

挖填类型	深度范围（cm）	最低压实度（%）		
		快速路及主干路	次干路	支路
	0~80	95/98	93/95	90/92
	80~150	93/95	90/92	87/90
填方	>150	87/90	87/90	87/90
挖方	0~30	93/95	93/95	90/92

2. 压实标准规定的应用

（1）表 1-1 的规定仅适用于土质路基。

（2）对于土石路堤的压实程度可采用以下方法来判定：

①采用灌砂法或水袋法检测。其标准干密度应根据每一种填料的不同含石量的最大干密度做出标准干密度曲线，然后根据试坑取试样的含石量，从标准干密度曲线上查出对应的标准干密度。

②当采用灌砂法或水袋法检验有困难时，可在规定深度范围内，通过 12t 以上振动压路机进行压实试验。当压实层顶面稳定，不再下沉时，可判为密实状态。采用强夯或冲击压路机施工时，其压实层厚与质量控制标准可通过现场试验或参照相应的技术规范确定。

③如几种填料混合填筑，则应从试坑挖取的试样中计算各种填料的比例，利用混合料中几种填料的标准干密度曲线查得对应的标准干密度，用加权平均的计算方法，计算所挖试坑的标准干密度。

（3）填石路堤的压实质量宜采用施工参数（压实功率、速度、压实遍数、铺筑层厚等）与压实质量检测联合控制判定。我国城市道路路基工程施工及验收规范规定，填石路堤须用重型压路机或振动压路机分层碾压，表面不得有波浪、松动现象，路床顶面压实度标准是 12~15t 压路机的碾压轨迹深度不应大于 5mm。

（4）桥涵及其他构筑物处填土压实标准是：高速路和主干道的桥台、涵身背后和涵洞顶部的填土压实标准为 96%；其他道路为 94%。

（5）路堑路床及高填方路堤的压实标准参照表 1-1 执行。

3. 压实机具的选择

压实机具选择的主要依据是：

（1）土质。对于沙性土的压实效果，振动式压路机较好，夯击式机具次之，碾压式压路机较差；对于黏性土，则碾压式压路机和夯击式机具较好，振动式压路机较差甚至无效。

（2）土层厚度。不同压实机具，在最佳含水量条件下，适应于一定的最佳压实厚度，并具有相应的压实遍数。

（3）压实位置。压实面积大的地方适宜于采用大型的压实机具；压实面积小的地方，如桥台、台背、检查井周围等用小型压实机具才能确保压实质量。

（4）被压土的强度极限。为防止压实过度，失效而造成浪费，一般压实时压实机具施加于土的单位压力不应超过土的强度极限。不同土的强度极限亦是选择机具和控制压实功能的参考因素。

二、压实工作组织

压实工作的组织以压实原理为依据，通过精心组织施工，以尽可能小的压实功能获得良好的压实效果为目的，并注意以下技术要点与要求：

1. 严格控制松铺层厚度，压实前可自路中线向路两边做 2%~4% 的横坡，对松铺层进行整平。

2. 严格控制在最佳含水量规定范围内进行压实。

3. 掌握"先轻后重、先慢后快"进行压实的原则组织压实；轨迹重叠达到规定要求，一般应在 30~50cm 以上。

4. 正确合理地使用压实机具。

5. 注意全宽压实及压实的均匀性。

6. 做好各项技术交底。

7. 加强经常性的检测。

8. 为保证路基边缘的压实度，施工中一般要超宽 30~50cm。

第五节　路基的防护与加固

一、防护工程类型和适用条件

（一）路基防护工程类型

路基防护工程是防治路基病害、保证路基稳定、改善环境景观、保护生态平衡的重要设施。其类型可分为以下两种：

1. 边坡坡面防护

边坡坡面防护主要是保护路基边坡表面，免受雨水冲刷，减缓温差及温度变化的影响，防止和延缓软弱岩土表面的风化碎裂、剥蚀演变进程，从而保护路基边坡的整体稳定性，在一定程度上还可美化路容，协调自然环境。植物防护：种草、铺草皮、植树。工程防护（矿料防护）：框格防护封面、护面墙、干砌片石护坡、浆砌片石护坡、浆砌预制块护坡、锚杆钢丝网喷浆喷射混凝土护坡。

2. 沿河河堤河岸冲刷防护

直接防护：植物、砌石、石笼、挡土墙等。间接防护：丁坝顺坝等调治构造物以及改造护林带。

（二）各种防护工程适用条件

1. 植物防护

（1）种草防护：适用于边坡稳定，坡面受雨水冲刷轻微且易于草类生长的路堤与路堑边坡。选用根系发达、叶茎低矮、多年生长且适宜于当地土壤和气候条件的草种，植于40cm（无熟土时，表土厚度 ≥20 cm）表土层。播种方法有撒播法、喷播法和行播法。当前推广使用的两种新方法是湿式喷播技术和客土喷播技术。

（2）铺草皮：适用于需要迅速绿化的土质边坡。草皮护坡铺置形式有平铺式叠铺式、方格式和卵（片）石方格式四种。

（3）植灌木：与种草、铺草皮配合使用，使坡面形成良好的防护层，适用于土质边坡和膨胀土边坡，但对盐渍土经常浸水、经常干旱的边坡及粉质土边坡不宜采用。灌木宜植于1：1.5或更缓的边坡上或在堤岸边的河滩上，用以降低流速，促使泥沙淤积。

2. 工程防护

（1）框格防护适用于土质或风化岩石边坡，框格防护可采用混凝土、浆砌片（块）石、卵（砾）石等做骨架，框格内宜采用植物防护或其他辅助防护措施。

（2）封面包括抹面、捶面、喷浆和喷射混凝土等防护形式：①抹面防护适用于易风化的软质岩石挖方边坡，岩石表面比较完整，尚无剥落。②捶面防护适用于易受雨水冲刷的土质边坡和易风化的岩石边坡。③喷浆和喷射混凝土防护适用于边坡易风化、裂隙和节理发育、坡面不平整的岩石挖方边坡。

（3）护面墙：用于封闭各种软质岩层和较破碎的挖方边坡以及坡面易受侵蚀的土质边坡。用护面墙防护的挖方边坡不宜陡于1：0.5，并应符合极限稳定边坡的要求。护面墙分为实体、窗孔式、拱式等类型，应根据边坡地质条件合理选用。

（4）石砌护坡：①干砌片石护坡适用于易受水流侵蚀的土质边坡、严重剥落的软质岩石边坡、周期性浸水及受水流冲刷较轻（流速小于2~4 m/s）的河岸或水库岸坡的坡面防护。②浆砌片（卵）石护坡适用于防护流速较大（3~6m/s）、波浪作用较强，有流水、漂浮物等撞击的边坡。对过分潮湿或冻害严重的土质边坡应先采取排水措施再行铺筑。

（5）浆砌预制块防护：适用于石料缺乏地区，预制块的混凝土强度不应低于C15，在严寒地区不应低于C20。

（6）锚杆钢丝网喷浆或喷射混凝土护坡：适用于直面为碎裂结构的硬岩或层状结构的不连续地层以及坡面岩石与基岩分离并有可能下滑的挖方边坡。施工简便，效果较好。

3. 土工织物防护

（1）挂网式坡面防护：适用于风化碎落较严重的岩石边坡。沿边坡悬挂的土工网能截住落石，引导其进入边沟或其他可控制地区。落石直径较大，边坡倾角大于40°时不宜使用。

（2）土工织物复合植被防护：综合了土工织物和植被两类防护的优点，其典型形式是三维土工网（垫）植草防护，主要适用于边坡坡度缓于1：1，边坡高度小于3 m的土质边坡。

（3）其他：土工织物防护：草坪植生带、适用于破碎或易风化破碎的岩石路堑边坡的锚杆挂高强塑料网格喷浆（喷射混凝土）以及土工织物做反滤层的护坡。

（三）路基冲刷防护工程技术

1. 直接防护

路堤冲刷主要是洪水急流，水位变迁不定，水流速度较大（达到3.0m/s或更高）时植树与石砌防护失效，可采用以下防护措施。

（1）抛石：用于经常浸水且水深较大的路基边坡或坡脚以及挡土墙、护坡的基础防护。抛石一般多用于抢修工程。

（2）石笼：沿河路堤坡脚或河岸，当受水流冲刷和风浪侵袭且防护工程基础不易处理或沿河挡土墙、护坡基础局部冲刷深度过大时，可采用石笼防护。钢丝石笼：多用于抢修或临时工程，不得用于急流滚石河段，必要时对钢丝笼灌注小石子水泥混凝土。钢丝石笼一般可容许流速4~5 m/s的水流冲刷。钢筋混凝土框架石笼：可用于急流滚石河段。

2. 间接防护

（1）护坝：当沿河路基挡土墙、护坡的局部冲刷深度过大，深基础施工不便时，宜采用护坝防护基础。

（2）丁坝：适用于宽浅变迁河段，用以挑流或减低流速，减轻水流对河岸或路基的冲刷。

（3）顺坝：适用于河床断面较窄、基础地质条件较差的河岸或沿河路基的防护，调整流水曲线度和改善流态。

（4）改移河道：沿河路基受水流冲刷严重或防护工程艰巨以及路线在短距离内多次跨越弯曲河道时可改移河道。对主河槽改动频繁的变迁性河流或支流较多的河段不宜改河。

二、加固工程的功能与类型划分

（一）路基加固工程的功能与类型

路基加固工程的主要功能是支撑天然边坡或人工边坡以保持土体稳定或加强路基强度和稳定性以及防护边坡在水温变化条件下免遭破坏。按路基加固的不同部位分为坡面防护加固、边坡支挡、湿弱地基加固三种类型。

1. 坡面防护加固

路基防护中均有加固作用。

2. 边坡支挡

边坡支挡包括路基边坡支挡和堤岸支挡：

（1）路基边坡支挡：护肩墙、护坡护面墙、护脚墙、挡土墙。

（2）堤岸支挡：驳岸、浸水墙、石笼、抛石、护坡、支垛护脚。

3. 湿弱地基加固

碾压密实、排水固结、挤密化学固结、换填土。

（二）常用路基加固工程技术

1. 重力式挡土墙工程技术

重力式挡土墙依靠圬工墙体的自重抵抗墙后土体的侧向推力（土压力），以维持土体的稳定，是中国目前最常用的一种挡土墙形式，多用浆砌片（块）石砌筑。缺乏石料的地区，可用混凝土预制块作为砌体，也可直接用混凝土浇筑，一般不配钢筋或只在局部范围配置少量钢筋。这种挡土墙形式简单、施工方便，可就地取材，适应性强，因而应用广泛。缺点是墙身截面大，圬工数量也大，在软弱地基上修建往往受到承载力的限制，墙高不宜过高。重力式挡土墙墙背形式可分为俯斜、仰斜、垂直、凸形折线（凸折式）和衡重式五种：

（1）仰斜墙背所受的土压力较小，用于路堑墙时，墙背与开挖面边坡较贴合，因而开挖量和回填量均较小，但墙后填土不易压实，不便施工。适用于路堑墙及墙趾处地面平坦的路肩墙或路堤墙。

（2）俯斜墙背所受土压力较大，其墙身截面较仰斜墙背的大，通常在地面横坡陡峻时，借助陡直的墙面，俯斜墙背可做成台阶形，以增加墙背与填土间的摩擦力。

（3）垂直墙背的特点，介于仰斜和俯斜墙背之间。

（4）凸折式墙背是由仰斜墙背演变而来，上部俯斜，下部仰斜，以减小上部截面尺寸，多用于路堑墙，也可用于路肩墙。

（5）衡重式墙背在上下墙间设有衡重台，利用衡重台上填土的重量使全墙重心后移，增加了墙身的稳定性。因采用陡直的墙而且下墙采用仰斜墙背，因而可以减小墙身高度，减少开挖工作量。适用于山区地形陡峻处的路肩墙和路堤墙，也可用于路堑墙。由于衡重台以上有较大的容纳空间，上墙墙背加缓冲墙后，可作为拦截崩坠石之用。

2. 加筋土挡土墙工程技术

加筋土挡土墙是在土中加入拉筋，利用拉筋与土之间的摩擦作用，改善土体的变形条件和提高土体的工程特性，从而达到稳定土体的目的。加筋土挡土墙由填料、在填料中布置的拉筋以及墙面板三部分组成。一般应用于地形较为平坦且宽敞的填方路段上，在挖方路段或地形陡峭的山坡，由于不利于布置拉筋，一般不宜使用。

加筋土是柔性结构物，能够适应地基轻微的变形，填土引起的地基变形对加筋土挡土墙的稳定性影响比对其他结构物小，地基的处理也较简便；其是一种很好的抗震结构物；节约占地，造型美观；造价比较低，具有良好的经济效益。

加筋土挡土墙施工简便快速，并且节省劳力和缩短工期，一般包括下列工序：基槽（坑）开挖、地基处理、排水设施、基础浇（砌）筑、构件预制与安装、筋带铺设、填料填筑与压实、墙顶封闭等，其中现场墙面板拼装、筋带铺设、填料填筑与压实等工序是交叉进行的。

3. 锚杆挡土墙工程技术

（1）特点及使用条件：锚杆挡土墙是利用锚杆技术形成的一种挡土结构物。锚杆一端与工程结构物连接，另一端通过钻孔、插入锚杆、灌浆、养护等工序锚固在稳定的地层中，以承受土压力对结构物所施加的推力，从而利用锚杆与地层间的锚固力来维持结构物的稳定。

锚杆挡土墙的优点是结构重量轻，节约大量的圬工和节省工程投资；利于挡土墙的机械化、装配化施工，提高劳动生产率；少量开挖基坑，克服不良地基开挖的困难，利于施工安全。

锚杆挡土墙的缺点是施工工艺要求较高，要有钻孔、灌浆等配套的专用机械设备且要耗用一定的钢材。

锚杆挡土墙适用于缺乏石料的地区和挖基困难的地段，一般用于岩质路堑路段，但其他具有锚固条件的路堑墙也可使用，还可应用于陡坡路堤。壁板式锚杆挡土墙多用于岩石边坡防护。

（2）锚杆挡土墙的类型：锚杆挡土墙由于锚固地层、施工方法、受力状态以及结构形式等的不同，有各种各样的形式。按墙面的结构形式可分为柱板式锚杆挡土墙和壁板式锚杆挡土墙：①柱板式锚杆挡土墙是由挡土板、肋柱和锚杆组成，肋柱是挡土板的支座，锚杆是肋柱的支座，墙后的侧向土压力作用于挡土板上，并通过挡土板传给肋柱，再由肋柱传给锚杆，由锚杆与周围地层之间的锚固力，即锚杆抗拔力使之平衡，以维持墙身及墙后土体的稳定。②壁板式锚杆挡土墙是由墙面板（壁面板）和锚杆组成，墙面板直接与锚杆连接，并以锚杆为支撑，土压力通过墙面板传给锚杆，后者则依靠锚杆与周围地层之间的锚固力（抗拔力）抵抗土压力，以维持挡土墙的平衡与稳定。

锚杆挡土墙施工工序主要有基坑开挖、基础浇（砌）筑、锚杆制作、钻孔、锚杆安放与注浆锚固、肋柱和挡土板预制、肋柱安装、挡土板安装、墙后填料填筑与压实等。

第六节　路基排水设施施工

一、路基地下水排水设置与施工要求

（一）排水沟、暗沟

1. 设置

当地下水位较高，潜水层埋藏不深时，可采用排水沟或暗沟截流地下水及降低地下水位，沟底宜埋入不透水层内。沟壁最下一排渗水孔（或裂缝）的底部宜高出沟底不小于0.2 m。排水沟或暗沟设在路基旁侧时，宜沿路线方向布置，设在低洼地带或天然沟谷处时，宜顺山坡的沟谷走向布置。排水沟可兼排地表水，在寒冷地区不宜用于排除地下水。

2. 施工要求

排水沟或暗沟采用混凝土浇筑或浆砌片石砌筑时，应在沟壁与含水量地层接触面的高度处，设置一排或多排向沟中倾斜的渗水孔。沟壁外侧应填以粗粒透水材料或土工合成材料做反滤层。沿沟槽每隔10~15m或当沟槽通过软硬岩层分界处时应设置伸缩缝或沉降缝。

（二）渗沟

1. 设置

为降低地下水位或拦截地下水，可在地面以下设置渗沟。渗沟有填石渗沟管式渗沟和洞式渗沟三种形式，三种渗沟均应设置排水层（或管、洞）、反滤层和封闭层。

2. 施工要求

（1）填石渗沟的施工要求：填石渗沟通常为矩形或梯形，在渗沟的底部和中间用较大碎石或卵石（粒径3~5 cm）填筑，在碎石或卵石的两侧和上部，按一定比例分层（层厚约15 cm），填较细颗粒的粒料（中沙、粗沙、砾石），做成反滤层，逐层的粒径比例，由下至上大致按 4 : 1 递减。砂石料颗粒小于 0.15 mm 的含量不应大于 5%。用土工合成材料包裹有孔的硬塑管时，管四周填以大于塑管孔径的等粒径碎、砾石，组成渗沟。顶部做封闭层，用双层反铺草皮或其他材料（如土工合成的防渗材料）铺成，并在其上夯填厚度不小于 0.5 m 的黏土防水层。

（2）管式渗沟的施工要求：管式渗沟适用于地下水引水较长、流量较大的地区。当管式渗沟长度 100~300 m 时，其末端宜设横向泄水管分段排除地下水。管式渗沟的泄水管可用陶瓷、混凝土、石棉、水泥或塑料等材料制成，管壁应设泄水孔，交错布置，间距不宜大于 20cm。渗沟的高度应使填料的顶面高于原地下水位。沟底垫层材料一般采用干砌片石；如沟底深入不透水层时宜采用浆砌片石、混凝土或土工合成的防水材料。

（3）洞式渗沟的施工要求：洞式渗沟适用于地下水流量较大的地段，洞壁宜采用浆砌片石砌筑洞顶应用盖板覆盖，盖板之间应留有空隙，使地下水流入洞内，洞式渗沟的高度要求同管式渗沟。

（三）渗井

1. 设置

当路基附近的地表水或浅层地下水无法排除，影响路基稳定时，可设置渗井，将地表水或地下水经渗井通过下透水层中的钻孔流入下层透水层中排除。

2. 施工要求

渗井直径 50~60 cm，井内填置材料按层次在下层透水范围内填碎石或卵石，上层不透水层范围内填沙或砾石，填充料应采用筛洗过的不同粒径的材料，应层次分明，不得粗细材料混杂填塞，井壁和填充料之间应设反滤层。

渗井离路堤坡脚不应小于 10 m，渗水井顶部四周（进口部除外）用黏土筑堤围护，井顶应加筑混凝土盖，严防渗井淤塞。

（四）检查井

1. 设置。为检查维修渗沟，宜每隔 30~50m 或在平面转折和坡度由陡变缓处设置检查井。
2. 施工要求。检查井一般采用圆形，内径不小于 1.0m，在井壁处的渗沟底应高出井底 0.3~0.4 m，井底铺一层厚 0.1~0.2m 的混凝土。井基如遇不良土质，应采取换填、夯实等措施。兼起渗井作用的检查井的井壁，应在含水层范围设置渗水孔和反滤层。深度大于 20m 的检查井，除设置检查梯外，还应设置安全设备。井口顶部应高出附近地面 0.3~0.5 m，并设井盖。

二、路基地面排水设置与施工要求

（一）边沟

1. 设置。挖方地段和填土高度小于边沟深度的填方地段均应设置边沟。路堤靠山一侧的坡脚应设置不渗水的边沟。为了防止边沟漫溢或冲刷，在平原区和重丘山岭区，边沟应分段设置出水口，多雨地区梯形边沟每段长度不宜超过300m，三角形边沟不宜超过200m。

2. 施工要求。平曲线处边沟施工时，沟底纵坡应与曲线前后沟底纵坡平顺衔接，不允许曲线内侧有积水或外溢现象发生。曲线外侧边沟应适当加深，其增加值等于超高值。边沟的加固：土质地段当沟底纵坡大于3%时应采取加固措施；采用干砌片石对边沟进行铺砌时，应选用有平整面的片石，各砌缝要用小石子嵌紧；采用浆砌片石铺砌时，砌缝砂浆应饱满，沟身不漏水；若沟底采用抹面时，抹面应平整压光。

（二）截水沟

1. 设置。在无弃土堆的情况下，截水沟的边缘离开挖方路基坡顶的距离视土质而定，以不影响边坡稳定为原则。如系一般土质至少应离开5m，对黄土地区不应小于10m并应进行防渗加固。截水沟挖出的土，可在路堑与截水沟之间修成土台并夯实，台顶应筑成2%倾向截水沟的横坡。

路基上方有弃土堆时，截水沟应离开弃土堆脚1~5m，弃土堆坡脚离开路基挖方坡顶不应小于10m，弃土堆顶部应设2%倾向截水沟的横坡。

山坡上路堤的截水沟离开路堤坡脚至少2.0m，并用挖截水沟的土填在路堤与截水沟之间，修筑向沟倾斜坡度为2%的护坡道或土台，使路堤内侧地表水流入截水沟排出。

2. 施工要求。截水沟长度超过500m时应选择适当的地点设出水口，将水引至山坡侧的自然沟中或桥涵进水口，截水沟必须有牢靠的出水口，必要时须设置排水沟、跌水或急流槽。截水沟的出水口必须与其他排水设施平顺衔接。为防止水流下渗和冲刷，截水沟应进行严密的防渗和加固，地质不良地段和土质松软、透水性较大或裂隙较多的岩石路段，对沟底纵坡较大的土质截水沟及截水沟的出水口，均应采用加固措施防止渗漏和冲刷沟壁。

（三）排水沟

排水沟的施工应符合下列规定：（1）排水沟的线形要求平顺，尽可能地采用直线形，转弯处宜做成弧线，其半径不宜小于10m，排水沟长度根据实际需要而定，通常不宜超过500m。（2）排水沟沿路线布设时，应离路基尽可能远一些，距路基坡脚不宜小于3~4m。大于沟底、沟壁土的容许冲刷流速时，应采取边沟表面加固措施。

（四）跌水与急流槽

跌水与急流槽的施工应符合下列规定：（1）跌水与急流槽必须用浆砌圬工结构，跌水的台阶高度可根据地形地质等条件决定，多级台阶的各级高度可以不同，其高度与长度之比应与原地面坡度相适应。（2）急流槽的纵坡不宜超过1:1.5，同时应与天然地面坡度相配合。当急流槽较长时，槽底可用几个纵坡，一般是上段较陡，向下逐渐放缓。（3）当急流槽很长时，应分段砌筑，每段不宜超过10m，接头用防水材料填塞，密实无空隙。

（4)急流槽的砌筑应使自然水流与涵洞进、出口之间形成一个过渡段,基础应嵌入地面以下,基底要求砌筑抗滑平台并设置端护墙。

路堤边坡急流槽的修筑,应能为水流入排水沟提供一个顺畅通道,路缘石开口及流水进入路堤边坡急流槽的过渡段应连接圆顺。

（五）拦水缘石

拦水缘石的施工应符合下列规定：（1）为避免高路堤边坡被路面水冲毁可在路肩上设拦水缘石,将水流拦截至挖方边沟或在适当地点设急流槽引离路基。与高路堤急流槽连接处应设喇叭口。（2）拦水缘石必须按设计安置就位。（3）设拦水缘石路段的路肩宜适当加固。

（六）蒸发池

蒸发池的施工应符合下列规定：（1）用取土坑做蒸发池时与路基坡脚间的距离不应小于5~10 m。面积较大的蒸发池至路堤坡脚的距离不得小于20m,坑内水面应低于路基边缘至少0.6 m。（2）坑底部应做成两侧边缘向中部倾斜0.5%的横坡。取土坑出入口应与所连接的排水沟或排水通道平顺连接。当出口为天然沟谷时,应妥善导入沟谷内,不得形成漫流,必要时予以加固。（3）蒸发池的容量不宜超过200~300 m²,蓄水深度不应大于1.5~2.0m。池周围可用土埂围护,防止其他水流入池中。（4）蒸发池的设置不应使附近地区泥沼化及影响当地环境卫生。

第二章　垫层及基层工程施工建设

第一节　垫层、填隙碎石建设技术

一、垫层

垫层是设置于底基层与土基之间的结构层，起排水、隔水、防冻、防污等作用，以加强土基和改善基层的工作条件，通常设于路基处于潮湿和过湿及有冰冻翻浆的路段。铺设在地下水位较高地区能起隔水作用的垫层称隔离层；铺设在冰冻较深地区能起防冻作用的垫层称防冻层。垫层还能扩散由基层传下来的应力，以减小土基的应力和变形，且能阻止路基土挤入基层中，从而保证了基层的结构性能。路面垫层材料宜采用水稳性好的粗粒料或各种稳定类粒料，厚度一般多采用经验值，其施工技术要求和填筑标准可参照后续的相关内容，在此不做专门介绍。

二、填隙碎石

填隙碎石是指用单一尺寸的粗碎石做主骨料，用填隙料填满碎石间的孔隙，以增加密实度和稳定性，形成嵌锁结构。其可作为各级道路的底基层和次干路或支路的基层。

1.材料要求

（1）用作基层时，碎石的最大粒径不应超过 53mm；用作底基层时，不应超过63mm。

（2）粗碎石可用具一定强度的各种岩石或漂石轧制，但漂石的粒径应为粗碎石最大粒径的 3 倍以上；也可以用稳定的矿渣轧制，但其干密度和质量应比较均匀，且干密度不小于 960kg/m³。材料中的扁平、长条和软弱颗粒的含量不应超过 15%。

（3）填隙碎石、粗碎石的颗粒组成应符合规定。

（4）粗碎石的压碎值应符合下述规定：用作基层时不大于 26%，用作底基层时不大于 30%，细集料应干燥。

（5）应采用振动轮每米宽质量不小于 1.8t 的振动压路机进行碾压。填隙料应填满粗碎石层内部的全部孔隙。碾压后，表面粗碎石间的孔隙应填满，但不得使填隙料覆盖粗集料而自成一层，表面应看得见粗碎石。碾压后基层的固体体积率应不小于 85%，底基层的固体体积率应不小于 83%。

（6）填隙碎石基层未洒透层沥青或未铺封层时，禁止开放交通。

2. 施工程序及技术要点

填隙碎石的施工程序如图 2-1 所示，施工技术要点如下：

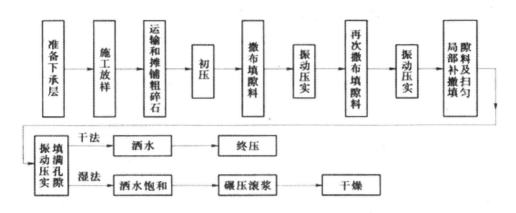

图2-1 填隙碎石工艺流程图

（1）准备下承层。不论填隙碎石下是底基层、垫层或土基，都要求平整坚实、无松散或软弱点，压实度要符合要求。

（2）施工放样。在下承层上恢复中线。直线段每 15~20m 设一桩，平曲线段每 10~15m 设一桩，并在两侧路肩外设指示桩。同时要进行水平测量，在两侧指示桩上标出基层边缘的设计高程。

（3）备料。根据各路段基层或底基层的宽度、厚度及松铺系数，计算各段需要的粗碎石数量；根据运料车辆的车厢体积，计算每车料的堆放距离。填隙料的用量为粗碎石质量的 30%~40%。

（4）运输和摊铺粗碎石。运输时，应控制每车装料的数量基本相等，在同一料场供料的路段内，由远到近将粗碎石按计算的距离卸于下承层上，应特别注意卸料距离的控制，防止出现有的路段料不够或料过多的现象。用平地机或其他合适的机具将粗碎石均匀地摊铺在预定的宽度上，表面应力求平整，并有规定的路拱，且应同时摊铺路肩用料。然后，检查松铺材料层的厚度是否符合要求，必要时，应进行减料或补料。

（5）撒铺填隙料和碾压。

①干法施工要点

A. 初压。用 8t 两轮压路机碾压 3~4 遍，使粗碎石稳定就位。在直线和不设超高的平曲线段上，碾压从两侧路肩开始，逐渐错轮向路中心进行；在设超高的平曲线段上，碾压从内侧路肩开始，逐渐错轮向外侧路肩进行。错轮时，每次重叠 1/3 轮宽。在第一遍碾压后，应再次找平。初压终了时，表面应平整，并具有要求的路拱和纵坡。

B. 撒铺填隙料。采用石屑撒布机或类似的设备将干填隙料均匀地撒铺在已压稳的粗碎石层上，松铺厚度 2.5~3.0cm。必要时，用人工或机械扫匀。

C. 碾压。用振动压路机慢速碾压，将全部填隙料振入粗碎石间的孔隙中。如无振动压路机，可采用重型振动板。碾压方法与初压相同，但路面两侧应多压 2~3 遍。

D. 再次撒布填隙料。松铺厚度约为 2.0~2.5cm。

E. 再次碾压。此时，应重点找补局部填隙料的不足处，多余的填隙料则予以扫除。

F. 整修。再次碾压后，如表面仍有未填满的孔隙，则应再补撒填隙料并用振动压路机继续碾压，直至全部孔隙被填满为止。

G. 分层铺筑。当需分层铺筑时，应将已压成的填隙碎石外露 5~10mm，然后再在其上摊铺第二层粗碎石，并按前述各项要求进行施工。

H. 终压。填附碎石表面孔隙全部填满后，用 12~15t 三轮压路机再压 1~2 遍。碾压前，宜在表面先洒少量水，其量为 3kg/m³ 以上，在碾压过程中，不应有任何蠕动现象。

②湿法施工要点

A. 与上述各项要求相同。

B. 粗碎石层表面孔隙填满后，应立即用洒水车洒水，直至饱和，但应注意避免多余水浸泡下承层。

C. 用 12~15t 三轮压路机跟在洒水车后进行碾压。在碾压过程中，将湿填隙料不断扫入所出现的孔隙中。需要时，应添加新料。洒水和碾压应一直进行到填隙料和水形成粉砂浆为止。粉砂浆应填塞全部孔隙，并在压路机轮前形成纹状微波。

D. 干燥。碾压完成的路段应让水分蒸发一段时间。结构层变干后，表面多余的细料或细料覆盖层均应扫除干净。

E. 当需分层铺筑时，应待结构层变干后，将已压成的填隙碎石层表面的填隙料扫去一些，使表面粗碎石外露 5~10mm，然后在其上摊铺第二层粗碎石，再按上述要求施工。应特别指出：填隙碎石基层未洒透层沥青或未铺封层时，禁止开放交通。填隙碎石基层质量的好坏，取决于两个关键：从上到下粗碎石间的孔隙一定要填满，即应达到规定的密实度，压实良好的填隙碎石密实度通常为固体体积率的 85%~90%；表面粗碎石间的孔隙既要填满填隙料，填隙料又不能覆盖粗碎石而自成一层，表面应看得见粗碎石，其棱角可外露 5~10mm，这对薄沥青面层非常重要，它可保证薄沥青面层与基层黏结良好，避免薄沥青面层在基层顶面发生推移破坏。

第二节　级配碎（砾）石建设技术

级配碎（砾）石是指粗、中、小碎（砾）石集料和石屑各占一定比例的混合料，当其颗粒组成符合规定的密实级配要求时，称为级配碎（砾）石。级配碎石可用做道路的基层和底基层及较薄沥青面层与半刚性基层之间的中间层；而级配砾石适用于轻交通道路的基层以及各种道路的底基层，天然沙砾如符合规定的级配要求，且塑性指数在 6 或 9 以下时，可以直接用作基层。

一、材料要求

1. 砾石为天然材料，碎石可用各种岩石（软质岩石除外）、漂石或矿渣轧制。漂石轧制碎石时，其粒径应是碎石最大粒径的 3 倍以上，矿渣应是已崩解稳定的，其干密度不小于 960kg/m³，且干密度和质量比较均匀。碎（砾）石中针片状颗粒的总含量应不超过 20%，且不含黏土块、植物等有害物质。用作基层时，碎（砾）石的最大粒径不应超过 37.5mm；用作底基层时，不应超过 53mm。

2. 石屑及其他细集料可以使用一般碎石场的细筛余料或专门轧制的细碎石集料，亦可用天然沙砾或粗沙代替，但其颗粒尺寸应合适，且天然沙砾或粗沙应有较好的级配。

3. 压碎值要求。级配碎石或级配碎砾石所用石料的压碎值应满足规定。

4. 材料的应用要求：

（1）级配碎（砾）石用作次干路及支路的基层时，其颗粒组成和塑性指数应满足级配要求，同时级配曲线宜为圆滑曲线。

（2）当塑性指数偏大时，塑性指数与 0.5mm 以下细土含量的乘积应符合下述规定：在年降雨量小于 600mm 的地区，地下水位对土基没有影响时，乘积不应大于 120；在潮湿多雨地区，乘积不应大于 100。

（3）级配碎石用作快速路及主干路的基层或中间层时，其颗粒组成和塑性指数应满足级配要求。级配砾石用作底基层的颗粒组成和塑性指数应满足相应的级配要求，同时级配曲线宜为圆滑曲线。

（4）未筛分碎石用作次干路及支路的底基层时，其颗粒组成和塑性指数应符合级配的规定。用作快速路及主干路的底基层时，其颗粒组成和塑性指数应符合级配的要求。

（5）用作底基层的沙砾、沙砾土或其他粒状材料的级配，应位于相应范围内。液限应小于 28%，塑性指数应小于 9。

二、施工程序与施工技术要点

1. 路拌法施工程序与施工要点

路拌法施工程序如图 2-2，其施工技术要点如下：

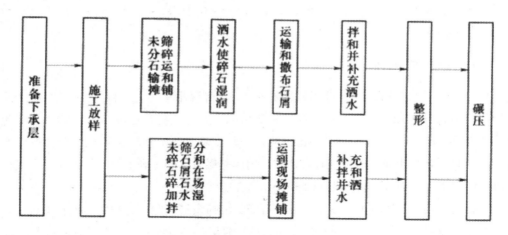

图2-2　路拌法施工工艺流程图

（1）备料

①计算材料用量。采用未筛分碎石或不同粒级的碎（砾）石和石屑组成级配碎（砾）石时，应按使用要求和相应的级配号计算不同粒级碎（砾）石和石屑的配合比，根据各路段基层或底基层的宽度、厚度及规定的压实干密度，并按确定的配合比分别计算各段需要的未筛分碎石、不同粒级碎（砾）石和石屑的数量，同时计算出每车料的堆放距离。

②未筛分碎石、级配碎（砾）石和石屑可按预定比例在料场混合，同时洒水加湿，使混合料的含水量超过最佳含水量约1%。

（2）运输和摊铺集料

其施工要点基本同"填隙碎石"，但还需注意：

①集料在下承层上的堆置时间不应过长，运送集料较摊铺集料工序只宜提前数天。未筛分碎石和石屑分别运送时，应先运送碎石，且料堆每隔一定距离应留一缺口。

②集料的松铺系数和厚度应通过试验确定。人工摊铺时，其松铺系数约为1.40~1.50；平地机摊铺时，为1.25~1.35。

③现场拌和时，未筛分碎石摊铺平整后，在较潮湿的情况下，将石屑计算堆放距离丈量好，并卸下石屑，用平地机并辅以人工将石屑均匀摊铺在碎石层上。

④采用不同粒级的碎（砾）石和石屑时，应将大碎（砾）石铺于下层，中碎石铺于中层，小碎（砾）石铺于上层。洒水使碎（砾）石湿润后，再摊铺石屑。

（3）拌和与整形

①一般应采用专用稳定土拌和机拌和级配碎（砾）石，若无稳定土拌和机时，可采用平地机或多铧犁与缺口圆盘耙相配合进行拌和。其要点是：

A.用稳定土拌和机时，应拌和两遍以上，拌和深度应直到级配碎（砾）石层底。在进行最后一遍拌和之前，必要时先用多铧犁紧贴底面翻拌一遍。

B. 用平地机进行拌和时，宜翻拌 5~6 遍，使石屑均匀分布于碎（砾）石料中。平地机拌和的作业长度，每段宜为 300~500m。

C. 用缺口圆盘耙与多铧犁相配合拌和时，用多铧犁在前翻拌，圆盘耙紧跟后面拌和，即采用边翻边耙的方法，每一作业段长度宜为 100~150m，共 4~6 遍，应注意随时检查调整翻耙的深度。并特别注意用多铧犁翻拌时，第一遍由路中心开始，将混合料向中间翻，且机械应慢速前进；第二遍从两边开始，将混合料向外翻。

②使用在料场已拌和均匀的级配碎（砾）石混合料时，摊铺后如有离析现象，应用平地机进行补充拌和。

③用平地机将拌和均匀的混合料按规定的路拱进行整平和整形，并注意消除粗细集料的离析现象。

④用拖拉机、平地机或轮胎压路机在已初平的路段上快速碾压一遍，以暴露潜在的不平整之处，再用平地机进行整平和整形。

（4）碾压

①整形后，当混合料的含水量等于或略大于最佳含水量时，立即用 12t 三轮压路机（每层压实厚度不应超过 15~18cm）、振动压路机或轮胎压路机进行碾压（每层压实厚度不应超过 20cm）。直线和不设超高的平曲线段，由两侧路肩开始向路中心碾压；在设超高的平曲线段，由内侧向外侧路肩进行碾压。碾压时，后轮应重叠 1/2 轮宽，并必须超过两段的接缝处。后轮压完路面全宽时，即为一遍，碾压一直进行到要求的密实度，一般需压 6~8 遍，使表面轨迹深度不大于 5mm 为止。压路机的碾压速度，头两遍以 1.5~1.7km/h 为宜，以后用 2.0~2.5km/h，路面的两侧应多压 2~3 遍。

②严禁压路机在已完成的或正在碾压的路段掉头或急刹车。

③凡含土的级配碎石层，都应进行滚浆碾压，一直压到碎石层中无多余细土泛到表面为止。滚到表面的浆（或事后变干的薄土层）应清除干净。

（5）横缝的处理。两作业段的衔接处，应搭接拌和。第一段拌和后，留 5~8m 不进行碾压；第二段施工时，前段留下未压部分与第二段一起拌和整平后，再进行碾压。

（6）纵缝的处理。首先应避免纵向接缝。在必须分两幅铺筑时，纵缝应搭接拌和。前一幅全宽碾压密实后，在后一幅拌和时，应将相邻的前幅边部约 30cm 搭接拌和，整平后一起碾压密实。

2. 中心站集中厂拌法施工要点（以级配碎石为例）

（1）中心站采用强制式拌和机、卧式双转轴桨叶式拌和机、普通水泥混凝土拌和机等多种机械进行集中拌和。在正式拌和前，必须先调试所用厂拌设备。

（2）对于快速路及主干路的基层和中间层，宜采用不同粒级的单一尺寸碎石和石屑，按预定配合比在拌和机内拌制混合料。不同粒级的碎石和石屑等细集料应隔离分别堆放，细集料应有覆盖，防止雨淋。

（3）在采用未筛分碎石和石屑时，如未筛分碎石或石屑的颗粒组成发生明显变化，应重新调试设备。

（4）将级配碎石用于快速路及主干路时，应用沥青混凝土摊铺机或其他碎石摊铺机摊铺混合料，摊铺机后面应设专人消除粗细料离析现象。

（5）采用振动压路机或三轮压路机进行碾压，其碾压方法同"路拌法"。

（6）对于次干路及支路，如没有摊铺机，也可用自动平地机（或摊铺箱）摊铺混合料。

但应注意：①根据摊铺层的厚度和要求达到的压实干密度，计算每车混合料的摊铺面积；②将混合料均匀地卸在路幅中央，路幅宽时，亦可卸成两行；③用平地机将混合料按松铺厚度摊铺均匀。

（7）用平地机摊铺混合料后的整形和碾压与路拌法施工要点相同。

（8）接缝的处理要点。

①横向接缝：用摊铺机摊铺混合料时，靠近摊铺机当天未压实的混合料，可与第二天摊铺的混合料一起碾压，但应特别注意对其含水量的检查控制。用平地机摊铺时，每天的工作缝按上述搭接拌和方法处理。

②纵向接缝：应避免纵向接缝。如一台摊铺机摊铺宽度不够时，宜采用两台一前一后相隔5~8m同步向前摊铺。如仅有一台时，可先在一条摊铺带上摊铺一定长度后，再开到另一条摊铺带上摊铺，然后一起进行碾压。

在不能避免纵向接缝的情况下，纵缝必须垂直相接，不应斜接，其处理要点是：在前幅摊铺时，后一幅的一侧应用方木或钢模板做支撑，其高度与级配碎石层的压实厚度相同，并在摊铺后一幅之前，将方木或钢模板除去。如在摊铺前一幅时，未用方木或钢模板支撑，靠边缘的30cm左右难于压实，且形成一个斜坡。则在摊铺后一幅时，应先将未完全压实部分和不符合路拱要求部分挖松并补充洒水，待后一幅混合料摊铺后，再一起进行整平和碾压。

需着重指出的是：施工中，主要应控制颗粒的级配组成，特别是其中的最大粒径5mm以下及0.5mm以下和0.075mm以下的颗粒含量以及塑性指数。严格控制级配集料的均匀性（包括级配组成和含水量）和压实度。级配集料（含未筛分碎石）底基层不宜做成槽式，宜做成满铺式，以利排除进入路面结构层的水，否则两侧要设置纵向盲沟。对未筛分碎石，一定要在较潮湿情况下才能往上铺撒石屑，否则一旦开始拌和，石屑就会落到底部。级配碎石基层未洒透层沥青或未铺封层时，禁止开放交通。

第三节　水泥稳定土建设技术

水泥稳定土是指用水泥做结合料所得混合料的一个广义的名称，它包括用水泥稳定的各种细粒土、中粒土和粗粒土。在经过粉碎的或原来松散的土中，掺入足量的水泥和水，经拌和得到的混合料在压实和养生后，当其抗压强度符合规定的要求时，称为水泥稳定土。

用水泥稳定细粒土得到的强度符合要求的混合料，视所用土类而定，可简称为水泥土、水泥沙或水泥石屑等。用水泥稳定中粒土和粗粒土得到的强度符合要求的混合料，视所用原材料而定，可简称为水泥碎石、水泥沙砾等。

水泥稳定土适用于各种道路的基层和底基层，但水泥土不得做快速路及主干路的基层。

一、材料要求

1. 对于次干路及支路所用的粗粒土、中粒土、细粒土应满足以下要求：

（1）用水泥稳定土做底基层时，土单个颗粒的最大粒径不应超过 53cm（指方孔筛，下同）。水泥稳定土的颗粒组成应在规定范围内，土的均匀系数应大于 5。细粒土的液限不应超过 40%，塑性指数不应超过 17。对于中粒土和粗粒土，如土中小于 0.6mm 的颗粒含量在 30% 以下，塑性指数可稍大。实际工作中，宜选用均匀系数大于 10，塑性指数小于 12 的土。塑性指数大于 17 的土，宜采用石灰稳定，或用水泥和石灰综合稳定。

（2）水泥稳定土做基层时，单个颗粒的最大粒径不应超过 37.5mm。其颗粒组成应在规定范围内。集料中不宜含有塑性指数大于 12 的土。对于次干路及支路宜按接近级配范围的下限组配混合料，或采用对应的级配。

（3）级配碎石、未筛分碎石、沙砾、碎石土、煤矸石和各种粒状矿渣，均适宜用水泥稳定。碎石包括岩石碎石、矿渣碎石、破碎砾石等。

2. 用于快速路及主干路的粗粒土和中粒土应满足下列要求：

（1）用水泥稳定土做底基层时，单个颗粒的最大粒径不应超过 37.5mm。水泥稳定土的颗粒组成应在级配范围内，土的均匀系数应大于 5。对于中粒土和粗粒土，宜采用对应的级配，但小于 0.075mm 的颗粒含量和塑性指数可不受限制。其余要求同"次干路及支路"情况。

（2）用水泥稳定土做基层时，单个颗粒的最大粒径不应超过 31.5mm。水泥稳定土的颗粒组成在规定级配范围内。

（3）用水泥稳定土做基层时，对所用的碎石或砾石，应预先筛分成 3~4 个不同粒级，然后配合，使颗粒组成符合对应级配范围。

3. 水泥稳定粒径为较均匀的沙时，宜在沙中添加少部分塑性指数小于 10 的黏性土或石灰土，也可添加部分粉煤灰，加入比例可按使混合料的标准干密度接近最大值确定，一般为 20%~40%。

4. 水泥稳定土中碎石或砾石的压碎值应符合下列要求：

基层：

快速路及主干路不大于 30%；

次干路及支路不大于 35%。

底基层：

快速路及主干路不大于 30%；

次干路及支路不大于 40%。

5. 有机质含量超过 2% 的土，必须先用石灰进行处理，闷料一夜后再用水泥稳定。

6. 硫酸盐含量超过 0.25% 的土，不应用水泥稳定。

7. 普通硅酸盐水泥、矿渣硅酸盐水泥和火山灰质硅酸盐水泥都可用于稳定土，但应选用初凝时间 3h 以上和终凝时间较长（宜在 6h 以上）的水泥，不应使用快硬水泥、早强水泥以及已受潮变质的水泥，宜采用 32.5 级或 42.5 级的水泥。

8. 综合稳定土中用的石灰应是消石灰粉或生石灰粉。

9. 凡是饮用水（含牲畜饮用水）均可用于水泥稳定土施工。

二、混合料组成设计要点

1. 基本要求

（1）各级道路用水泥稳定土的 7d 浸水抗压强度应符合规定。

（2）水泥稳定土的组成设计应根据规定的强度标准，通过试验选取最适宜于稳定的土，确定必需的水泥剂量和混合料的最佳含水量。在需要改善混合料的物理力学性质时，还应确定掺加料的比例。

（3）综合稳定土的组成设计应通过试验选取最适宜于稳定的土，确定必需的水泥和石灰剂量以及混合料的最佳含水量。

（4）采用综合稳定土时，如水泥用量占结合料总量的 30% 以上，应按相关的技术要求进行组成设计。水泥和石灰的比例宜取 60∶40、50∶50 或 40∶60。

（5）水泥稳定土的各项试验应按现行试验规程进行。

2. 原材料的试验

（1）在稳定土施工前，应采集所定料场中有代表性的土样进行下列项目的试验：①颗粒分析；②液限和塑性指数；③击实试验；④碎石或砾石的压碎值；⑤有机质含量（必要时做）；⑥硫酸盐含量（必要时做）。

（2）如碎石、碎石土、沙砾、沙砾土等的级配不好，宜先改善其级配。

（3）应检验水泥的等级和终凝时间。

3. 混合料的设计步骤

（1）分别按下列五种水泥剂量配制同一种土样、不同水泥剂量的混合料。

①做基层用

中粒土和粗粒土：3%，4%，5%，6%，7%；

塑性指数小于 12 的细粒土：5%，7%，8%，9%，11%；

其他细粒土：8%，10%，12%，14%，16%。

②做底基层用

中粒土和粗粒土：3%，4%，5%，6%，7%；

塑性指数小于 12 的细粒土：4%，5%，6%，7%，9%；

其他细粒土：6%，8%，9%，10%，12%。

（2）确定混合料的最佳含水量和最大干密度，至少应做三个不同水泥剂量混合料的击实试验，即最小剂量、中间剂量和最大剂量，其余两个混合料的最佳含水量和最大干密度用内插法确定。

（3）按规定的压实度，分别计算不同水泥剂量的试件应有的干密度。

（4）按最佳含水量和计算得的干密度制备试件。进行强度试验时，作为平行试验的最少试件数量应不小于规定。如试验结果的偏差系数大于表中规定的值，则应重做试验，并找出原因，加以解决。如不能降低偏差系数，则应增加试件数量。

（5）试件在规定温度下保湿养生 6d，浸水 24h 后，按现行试验规程进行无侧限抗压强度试验。

（6）计算试验结果的平均值和偏差系数。

（7）根据上述强度标准，选定合适的水泥剂量，此剂量试件室内试验结果的平均抗压强度 $\overline{R}$ 应达到下述要求：

$$\overline{R} \geq \frac{R_d}{1 - Z_a C_V}$$

式中：R_d 为设计抗压强度；C_v 为试验结果的偏差系数（以小数计）；Z_a 为标准正态分布表中随保证率（或置级度 a）而变的系数，快速路和主干路应取保证率 95%，即 Z_a=1.645，其他道路取 90%，即 Z_a=1.282。

水泥改善土的塑性指数应不大于 6，承载比应不小于 240。

（8）工地实际采用的水泥剂量应比室内试验确定的剂量多 0.5%~1.0%。采用集中厂拌法施工时，可只增加 0.5%；采用路拌法施工时，宜增加 1%。

（9）水泥最小剂量。

（10）综合稳定土的组成设计与上述步骤相同。

三、路拌法施工程序与施工技术要点

1.施工程序（工艺流程）

准备下承层→施工放样→备料、摊铺土→洒水闷料→整平和轻压→摆放和摊铺水泥→拌和（干拌）→加水并湿拌→整形→碾压→接缝和掉头处的处理→养生。

2.施工要点

（1）准备下承层

①下承层表面应平整、坚实，具有规定的路拱，下承层的平整度和压实度应符合检查验收要求。做基层时，要准备底基层；做老路面的加强层时，要准备老路面；做底基层时，

要准备土基。所有准备工作均应达到相应的规定要求。

②施工要点

A.土基准备。不论是路堤还是路堑，都必须用 12~15t 三轮压路机或等效的碾压机械进行 3~4 遍碾压检验。在碾压过程中，如发现土过干、表层松散，应适当洒水；如土过湿，发生"弹簧"现象，应挖开晾晒、换土、掺石灰或水泥，使其达到规定要求。

B.底基层准备。检查压实度时，对于柔性底基层，还应进行弯沉检验。凡不符合设计要求的路段，必须视具体情况进行处理，使之达到规范规定的标准。

C.老路面准备。检查其材料是否符合底基层材料的技术要求，如不符合要求，应翻松老路面并采取必要的措施处理，使其达到规定要求。

D.底基层或老路面上的低洼和坑洞，应填补并压实；搓板和辙槽应铲除；松散处应耙松洒水并重新压实，使其达到平整密实。

E.新完成的底基层或土基必须按规定项目进行检查验收，凡不合格路段，必须采取措施处理，使其达到验收标准后，方可在其上铺筑水泥稳定土层。

F.按规定要求逐个断面检查下承层高程。

③对槽式断面的路段，两侧路肩上每隔一定距离(5~10m)交错开挖泄水沟(或做盲沟)。

（2）施工放样

①在底基层、老路面或土基上：恢复中线，直线段每 15~20m 设一桩，平曲线段每 10~15m 设一桩，并在两侧路肩边缘外设指示桩。

②在两侧指示桩上用明显标记标出水泥稳定土层边缘的设计高程。

（3）备料

①利用老路面或土基上部材料时。清除其表面上的石块等杂物，每隔 10~20m 挖一小洞，使洞底高程与预定的水泥稳定土层的底面高程相同，并在洞底做一标记，以控制翻松及粉碎的深度；用犁、松土机或装有强固齿的平地机或推土机将老路面或土基的上部翻松到预定的深度，土块应粉碎并达到要求；经常用犁将土向路中心翻松，使预定处置层的边部成一个垂直面，防止处治宽度超过规定；用专用机械粉碎黏性土，当无专用机械时，也可用旋转耕作机、圆盘耙粉碎塑性指数不大的土。

②利用料场的土（包括细、中、粗粒土）时，先将树木、草皮、树根和杂土清除干净；在预定的深度范围内采集合格的土，并筛除土中超尺寸的颗粒，对于塑性指数大于 12 的黏性土，可视土质和机械性能确定土是否需要过筛，根据各路段水泥稳定土层的宽度、厚度、预定的干密度及水泥剂量，计算各路段需要的干燥土及每平方米需要水泥的数量，根据料场土的含水量和所用运料车辆的吨位，计算每车土和水泥的堆放距离；堆料前，应先洒水湿润预定堆料的下承层表面，但不应过分潮湿而造成泥泞。材料运输时，应控制每车的数量基本相等；在同一料场供料的路段内，由远到近将料按上述计算距离卸置于下承层表面上，卸料距离应严格掌握，避免有的路段料不够或过多，料堆每隔一定距离应留一缺口，土在下承层上的堆置时间不宜过长，运送土只宜比摊铺土工序提前 1~2d；当路肩用料与

稳定土层用料不同时，应先将两侧路肩培好，在路肩上每隔 5~10m 交错开挖临时泄水沟，路肩料层与稳定土层的压实厚度应相同。

（4）摊铺土

①通过试验确定土的松铺系数。人工摊铺混合料时，掺水泥稳定沙砾，取 1.30~1.35；掺水泥土，取 1.53~1.58。

②摊铺土应在摊铺水泥的前一天进行。其长度按日进度的需要量控制，满足次日完成掺加水泥、拌和、碾压成形即可。雨季施工，如第二天有雨，不宜提前摊铺土。

③土应均匀摊铺在预定的宽度上，表面应力求平整，并有规定的路拱。

④摊料过程中，应将土块（或粉碎）、超尺寸颗粒及其他杂物拣出。

⑤检验松铺土层的厚度，应达到规定要求。

⑥除洒水车外，严禁其他车辆在土层上通行。

（5）洒水闷料

①如已整平的土（含粉碎的老路面）含水量过小，应在土层上洒水闷料。洒水应均匀，防止出现局部水分过多或水分不足现象，并严禁洒水车在洒水段内停留和掉头。

②细粒土应经一夜闷料，中、粗粒土视其中细土含量的多少，可缩短闷料时间。

③如为综合稳定土，应先将石灰与土拌和后一起闷料。

（6）整平和轻压

对人工摊铺的土层整平后，再用 6~8t 两轮压路机碾压 1~2 遍，使土表面平整并有一定的压实度。

（7）摆放和摊铺水泥

①按计算出的每袋水泥的纵横间距，在土层上安放标记。

②将水泥当日直接运送到摊铺路段，卸于做标记的地点，并检查有无遗漏或多余。运水泥的车应有防雨设备。

③用刮板将水泥均匀摊开，并注意使每袋水泥的摊铺面积相等。水泥铺完后，表面应无空白也无水泥过分集中情况。

（8）拌和（干拌）

①一般应采用专用稳定土拌和机进行拌和，并设专人跟随拌和机随时检查拌和深度，并配合机手调整拌和深度。拌和深度应达稳定层底，并侵入下承层 5~10mm，以利上下层黏结，严禁在拌和层底部留有素土夹层。通常应拌和两遍以上，在最后一遍拌和之前，必要时，可先用多铧犁紧贴底面翻拌一遍。直接铺在土基上的拌和层也应避免素土夹层。

②在无专用拌和机械的情况下，可用农用旋转耕作机与多铧犁或平地机相配合进行拌和，也可以用缺口圆盘耙与多铧犁或平地机相配合拌和水泥稳定细粒土和中粒土。其施工方法与"级配碎（砾）石的拌和"相似，但应注意拌和效果，拌和时间不能过长。

（9）加水、湿拌

①在干拌后，如混合料含水量不足，应用喷管式洒水车（普通洒水车不适宜用作路面

施工）补充洒水，水车起洒处和另一端掉头处都应超出拌和段 2m 以上。洒水车不应在正进行拌和以及当天计划拌和的路段上掉头和停留，以防止局部水量过大。

②洒水后，再次进行拌和，使水分在料中均匀分布。拌和机械应紧跟在洒水车后面进行拌和，减少水分流失。

③洒水及拌和过程中，应及时检查含水量，含水量宜略大于最佳含水量。对稳定粗、中粒土，含水量宜大 0.5%~1.0%；对稳定细粒土，含水量宜大 1%~2%。并应配合人工拣出超出尺寸的颗粒，消除粗细颗粒"窝"以及局部过分潮湿或过分干燥之处。

④要求拌和后混合料色泽一致，没有灰条、灰团和花面，即无明显粗细集料离析现象，且水分合适和均匀。

（10）整形

①混合料拌匀符合要求后，应立即用平地机初步整形。在直线段，平地机由两侧向路中心进行刮平，在平曲线段，则由内侧向外侧进行刮平。必要时，再返回刮一遍。

②用拖拉机、平地机或轮胎压路机立即在初平的路段上快速碾压一遍，以暴露潜在的不平整。

③用平地机再次进行整形，并将高处料直接刮出路外，将轨迹低洼处表层 5cm 以上耙松，补充新拌料再碾压一遍。

④每次整形均应达到规定的坡度和路拱，并应特别注意接缝顺适平整。

⑤当用人工整形时，先用锹和耙将混合料摊平，用路拱板进行初步整形；再用拖拉机初压 1~2 遍后，根据实测的松铺系数，确定纵横断面的高程，并设置标记和挂线；最后用锹耙按线整形，再用路拱板校正成形。如为水泥土，在拖拉机初压后，可用重型框式路拱板（拖拉机牵引）进行整形。

⑥在整形过程中，严禁任何车辆通行，并保证无明显的粗细集料离析现象。

（11）碾压

①制订碾压方案。根据路宽、压路机的轮宽和轮距的不同，制订碾压方案，应使各部分碾压到的次数尽量相同，路面的两侧应多压 2~3 遍。

②进行碾压施工，控制碾压质量。整形后，应在混合料的含水量等于或略大于最佳含水量时，立即用轻型压路机并配合 12t 以上压路机在结构层全宽内进行碾压。碾压技术要求同"级配碎（砾）石碾压"。采用人工摊铺和整形的稳定土层，宜先用拖拉机或 6~8t 两轮压路机或轮胎压路机碾压 1~2 遍，然后再用重型压路机碾压。

碾压过程中，稳定土的表面应始终保持湿润，如水分蒸发过快，应及时均匀补洒少量的水，但严禁洒大水碾压。如有"弹簧"、松散、起皮等现象，应及时翻开重新拌和（加适量的水泥）或用其他处置方法，使其达到质量要求。

经过拌和、整形的稳定土，宜在水泥初凝前及试验确定的延迟时间内完成碾压，并达到要求的密实度，在 12t 以上压路机碾压下，轨迹深度不得大于 5mm。

在碾压结束前，用平地机再终平一次，使其纵向顺适，路拱和超高符合设计要求。对局部低洼处，可不再进行找补，留待铺筑沥青面层时处理。

（12）接缝和掉头处的处理

①同日施工的两工作段的衔接处，应采用搭接。前一段拌和整形后，留 5~8m 不碾压，后一段施工时，前段留下未压部分应再加部分水泥重新拌和，并与后一段一起碾压。

②经过拌和、整形的水泥稳定土，应在试验确定的延迟时间内完成碾压。

③应注意每天最后一段末端缝（工作缝）的处理。工作缝和掉头处的处理方法：

A. 在已碾压完成的水泥稳定土层末端，沿稳定土挖一条横贯铺筑层全宽的宽约 30cm 的槽，直挖到下承层顶面。此槽应与路的中心线垂直，靠稳定土的一面应切成垂直面，并放两根与压实厚度等厚、长为全宽一半的方木紧贴其垂直面。

B. 用原挖出的素土回填至槽内。

C. 如拌和机械或其他机械必须到已压成的水泥稳定土层上掉头，应采取措施保护掉头作业段。一般可在准备用于掉头的 8~10m 长的稳定土层上先覆盖一张厚塑料布或油毡纸，然后铺上约 10cm 厚的土、沙或沙砾。

D. 第二天，邻接作业段拌和后，除去方木，用混合料回填。靠近方木未能拌和的一小段，应人工进行补充拌和。整平时，接缝处的水泥稳定土应较已完成断面高出约 5cm，以利形成一个平顺的接缝。

E. 整平后，用平地机将塑料布上大部分土除去（注意勿刮破塑料布），然后人工除去余下的土，并收起塑料布。

④纵缝的处理。水泥稳定土层的施工应该避免纵向接缝，必须分两幅施工时，纵缝必须垂直相接，不应斜接。纵缝方法处理如下：

A. 在前一幅施工时，靠中央一侧用方木或钢模板做支撑，方木或钢模板的高度与稳定土层的压实厚度相同。

B. 混合料拌和结束后，靠近支撑木（或板）的一部分，应人工进行补充拌和，然后整形和碾压。

C. 养生结束后，在铺筑另一幅之前，拆除支撑木（或板）。

D. 第二幅混合料拌和结束后，靠近第一幅的部分，应人工进行补充拌和，然后进行整形和碾压。

第四节　石灰稳定土建设技术

一、一般规定

1. 按照土中单个颗粒的粒径大小和组成，将土分为细粒土、中粒土和粗粒土三种。

2. 石灰剂量以石灰质量占全部粗细土颗粒干质量的百分率表示。

3. 石灰稳定土适用于各级道路的底基层，一般不作为城市道路的基层。

4. 石灰稳定土层应在春末和夏季组织施工。施工期的日最低气温应在 5℃以上，并应在第一次重冰冻（-3℃~-5℃）到来之前一个月到一个半月完成。稳定土层宜经历半个月以上温暖和热的气候养生。多雨地区，应避免在雨季进行石灰土结构层的施工。

5. 在混合料处于最佳含水量或略小于最佳含水量（1%~2%）时进行碾压，应使其达到规范规定的压实度标准。

二、材料要求

石灰稳定土是指在粉碎的或原来松散的土（包括各种粗、中、细粒土）中，掺入足量的石灰和水，经拌和、压实及养生后得到的混合料，当其抗压强度符合规定要求时，称为石灰稳定土。

石灰土是指用石灰稳定细粒土得到的强度符合要求的混合料。

用石灰稳定中粒土和粗粒土得到的强度符合要求的混合料，原材料为天然沙砾或级配沙砾时，称石灰沙砾土；原材料为碎石或级配碎石时，称为石灰碎石土。

1. 土

塑性指数为 15~20 的黏性土以及含有一定数量黏性土的中粒土和粗粒土均适宜于用石灰稳定。塑性指数在 15 以上的黏性土更适宜于用石灰和水泥综合稳定。无塑性指数的级配沙砾、级配碎石和未筛分碎石，应在添加 15% 左右的黏性土后才能用石灰稳定。塑性指数在 10 以下的亚沙土和沙土用石灰稳定时，应采取适当的措施或采用水泥稳定。塑性指数偏大的黏性土，施工中应加强粉碎，其土块最大尺寸不应大于 15mm。

（1）相关规定。

①石灰稳定土用作快速路及主干路的底基层时，颗粒的最大粒径不应超过 37.5mm；用作次干路及支路的底基层时，颗粒的最大粒径不应超过 53mm。

②级配碎石、未筛分碎石、沙砾、碎石土、沙砾土、煤矸石和各种粒状矿渣等均适宜用作石灰稳定土的材料。但石灰稳定土中碎石、沙砾或其他粒状材的含量应在 80% 以上，并应具有良好的级配。

③硫酸盐含量超过 0.8% 的土和有机质含量超过 10% 的土不宜用石灰稳定。

（2）石灰稳定土中的碎石或砾石的压碎值用作快速路及主干路的底基层时不大于 35%，用作次干路及支路的底基层时不大于 40%。

2. 石灰

对石灰，其技术指标应符合规定，并注意：

（1）应尽量缩短石灰的存放时间，如在野外堆放时间较长时，应覆盖防潮；

（2）使用等外石灰、贝壳石灰、珊瑚石灰等，应进行试验，只有当混合料的强度符合标准时，才可使用。

三、混合料组成设计要点

1. 原材料试验

（1）在稳定土施工前，应采集所定料场中有代表性的土样进行下列项目的试验：①颗粒分析；②液限和塑性指数；③击实试验；④碎石或砾石的压碎值；⑤有机质含量（必要时做）；⑥硫酸盐含量（必要时做）。

（2）如碎石、碎石土、沙砾、沙砾土等的级配不好，宜先改善其级配。

（3）检验石灰的有效钙和氧化镁含量。

2. 混合料的设计步骤

（1）试样制备。按下列石灰剂量配制同一种土样、不同石灰剂量的混合料。

塑性指数小于 12 的黏性土：8%，10%，11%，12%，14%；

塑性指数大于 12 的黏性土：5%，7%，8%，9%，11%。

（2）确定混合料的最佳含水量和最大干密度，至少应做三个不同石灰剂量混合料的击实试验，即最小剂量、中间剂量和最大剂量，其余两个混合料的最佳含水量和最大干密度用内插法确定。

（3）按规定的压实度，分别计算不同石灰剂量的试件应有的干密度。

（4）按最佳含水量和计算所得的干密度制备试件。进行强度试验时，作为平行试验的最少试件数量应不小于规定。

（5）试件在规定温度下保湿养生 6d，浸水 24h 后，按现行试验规程进行无侧限抗压强度试验。

（6）计算试验结果的平均值和偏差系数。

（7）根据强度标准，选定合适的石灰剂量。用作快速路及主干路的底基层时，抗压强度标准值不小于 0.5~0.7；用作次干路及支路的底基层时，抗压强度标准值不小于 0.8。

（8）工地实际采用的石灰剂量应比室内试验确定的剂量多 0.5%~1.0%。采用集中厂拌法施工时，可只增加 0.5%；采用路拌法施工时，宜增加 1%。

（9）综合稳定土的组成设计步骤与上述步骤相同。

四、路拌法施工程序与施工技术要点

1. 施工程序

准备下承层→施工放样→备料、摊铺土→洒水闷料→整平和轻压→卸置和摊铺石灰→拌和与洒水→整形→碾压→接缝和掉头处的处理→养生。

2. 主要施工程序的施工要点

（1）备料。除应满足上述"备料"的要求之外，还应满足：

①对于塑性指数小于 15 的黏性土，可视土质情况和机械性能确定是否需要过筛。

②当分层采集土时，应将土先分层堆放在一场地上，然后从前到后将上下层土一起装

车运送到现场，以利土质均匀。

③石灰应选择公路两侧宽敞、临近水源且地势较高的场地集中堆放。当堆放时间较长时，应覆盖封存，同时做好堆放场地的临时排水设施。

④生石灰块，应在使用前 7~10d 消解，且消解的石灰应保持一定湿度，使不产生扬尘，也不过湿成团。消石灰宜过孔径 10mm 筛，并尽快使用。

（2）通过试验确定土的松铺系数。人工摊铺混合料时，对石灰土沙砾，取 1.52~1.56（路外集中拌和）；对石灰土，取 1.53~1.58（现场拌和）或 1.65~1.70（路外集中拌和）。其他要求与水泥稳定土中"摊铺土"的要求相同。

（3）卸置和摊铺石灰。

①按计算所得的每车石灰的纵横间距，用石灰在土层上做标记，同时画出摊铺的石灰标线。

②用刮板将石灰均匀摊开，表面应无空白位置。量测石灰的松铺厚度，根据石灰的含水量和松密度，校核石灰用量是否合适。

③铺土、铺灰的计算公式与示例。

在稳定土施工备料时，往往需要把设计配合比中的材料质量比换算成体积比。然后将各种材料用自卸车或人工堆放于路槽中，并整成规则的现状，用皮尺或米绳文量计数。

（4）拌和与洒水。

①使用生石灰粉时，宜先用平地机或多铧犁将石灰翻到土层中间，但不能翻到底部。

②在没有专用拌和机械的情况下，可用农用旋转耕作机与多铧犁或平地机相配合拌和三遍。先用耕作机拌和两遍、后用多铧犁或平地机将底部素土翻起，再用耕作机翻拌两遍。并随时检查调整翻犁的深度，使稳定土层全部翻透。

③如为石灰稳定级配碎石或砾石时，应先将石灰和需添加的黏性土拌和均匀，再均匀地摊铺在级配碎石或沙砾层上，一起进行拌和。

④用石灰稳定塑性指数大的黏土时，应采用两次拌和。第一次加 70%~100% 预定剂量的石灰进行拌和，闷放 1~2d 后，再补足需用石灰，进行第二次拌和。

（5）接缝和掉头处的处理。对同日施工的两工作段的衔接处采用搭接形式，前一段拌和整形后，留 5~8m 不进行碾压，后一段施工时，应与前段留下未压部分一起进行拌和。拌和机械及其他机械不宜在已压成的石灰稳定土层上掉头。如必须掉头，应采取措施保护掉头部分，使灰土层表层不受破坏。

其他工序的施工如准备下承层、施工放样、洒水闷料、整平和轻压、整形和碾压、纵缝的处理等均与水泥稳定土施工中所述要点相同。

第五节 石灰工业废渣稳定土建设技术

石灰工业废渣稳定土是指将一定数量的石灰和粉煤灰或石灰和煤渣与其他集料相配合，加入适量的水（通常为最佳含水量）经拌和、压实及养生后得到的混合料，当其抗压强度符合规定要求时，称为石灰工业废渣稳定土（简称为石灰工业废渣）。

二灰、二灰土、二灰沙是指将一定数量的石灰和粉煤灰或一定数量的石灰、粉煤灰和土相配合以及一定数量的石灰、粉煤灰和沙相配合，加入适量的水（通常为最佳含水量），经拌和、压实及养生后得到的混合料，当其抗压强度符合规定的要求时，分别简称为二灰、二灰土、二灰沙。

二灰级配碎石、二灰级配砾石（称二灰级配集料）是指用石灰和粉煤灰稳定级配碎石或级配砾石得到的混合料，当其强度符合要求时，分别称为石灰、粉煤灰级配碎石或石灰、粉煤灰级配砾石。

石灰煤渣土和石灰煤渣集料是指用石灰、煤渣和土或石灰、煤渣和集料得到的强度符合要求的混合料，分别称为石灰煤渣土和石灰煤渣集料。

石灰工业废渣稳定土可用作各级道路的基层和底基层，但二灰、二灰土和二灰沙仅可用作高级路面的底基层，而不得用作基层。

石灰工业废渣混合料采用质量配合比计算，即以石灰、粉煤土、集料（或土）的质量比表示。

一、材料要求

1. 石灰工业废渣稳定土所用石灰质量应符合规定的Ⅲ级消石灰或Ⅲ级生石灰的技术指标，应尽量缩短石灰的存放时间。如存放时间较长，应采取覆盖封存措施，妥善保管。

有效钙含量在 20% 以上的等外石灰、贝壳石灰、珊瑚石灰、电石渣等，当其混合料的强度通过试验符合标准时，可以应用。

2. 粉煤灰中 SiO_2、Al_2O_3 和 Fe_2O_3 的总含量应大于 70%，粉煤灰的烧失量不应超过 20%；粉煤灰的比表面积宜大于 2500cm³/g（或 90% 通过 0.3mm 筛孔，70% 通过 0.075mm 筛孔）。干粉煤灰和湿粉煤灰都可以应用，但湿粉煤灰的含水量不宜超过 35%。

3. 煤渣的最大粒径不应大于 30mm，颗粒组成宜有一定级配，且不宜含杂质。

4. 宜采用塑性指数 12~20 的黏性土（亚黏土），土块的最大粒径不应大于 15mm，有机质含量超过 10% 的土不宜选用。

5. 二灰稳定的中粒土和粗粒土不宜含有塑性类土。

6. 用于一般道路的二灰稳定土应符合：二灰稳定土用作底基层时，石料颗粒的最大粒径不应超过 53mm；二灰稳定土用作基层时，石粒颗粒的最大粒径不应超过 37.5mm；碎石、砾石或其他粒状材料的质量宜占 80% 以上，并符合规定的级配范围。

7. 用于高等级道路的二灰稳定土应符合：各种细粒土、中粒土和粗粒土都可用二灰稳定后用作底基层，但土中碎石、砾石颗粒的最大粒径不应超过 37.5mm；工灰稳定土用作基层时，二灰的质量应占 15%，最多不超过 20%，石料颗粒的最大粒径不应超过 31.5mm，其颗粒组成宜符合规定的级配范围，粒径小于 0.075mm 的颗粒含量宜接近 0。对所用的砾石或碎石，应预先筛分成 3~4 个不同粒级，然后再配合成颗粒组成符合范围的混合料。

二、混合料组成设计要点

1. 一般规定

（1）石灰工业废渣稳定土的 7d 浸水抗压强度应符合规定

（2）石灰工业废渣稳定土的组成设计应根据强度标准，通过试验选取最适宜于稳定的土，确定石灰与粉煤灰或石灰与煤渣的比例，确定石灰粉煤灰或石灰煤渣与土的质量比例，确定混合料的最佳含水量。

（3）对于 CaO 含量 2%~6% 的硅铝粉煤灰，采用石灰粉煤灰做基层或底基层时，石灰与粉煤灰的比例可以是 1∶2~1∶9。

（4）采用二灰土做基层或底基层时，石灰与粉煤灰的比例可用 1∶2~1∶4（对于粉土，以 1∶2 为宜），石灰粉煤灰与细粒土的比例可以是 30∶70~10∶90。

（5）采用二灰级配集料做基层时，石灰与粉煤灰的比例可用 1∶2~1∶4，石灰粉煤灰与集料的比应是 20∶80~15∶85。

（6）采用石灰煤渣做基层或底基层时，石灰与煤渣的比例可用 20∶80~15∶85。

（7）采用石灰煤渣土做基层或底基层时，石灰与煤渣的比例可选用 1∶1~1∶4，石灰煤渣与细粒土的比例可以是 1∶1~1∶4。混合料中石灰不应少于 10%，或通过试验选取强度较高的配合比。

（8）采用石灰煤渣集料做基层或底基层时，石灰∶煤渣∶集料可选用（7~9）∶（26~33）∶（67~58）。

（9）为提高石灰工业废渣的早期强度，可外加 1%~2% 的水泥。

2. 原材料的试验

在石灰工业废渣稳定土施工前，应取有代表性的样品进行下列试验：土的颗粒分析；液限和塑性指数；石料的压碎值试验；有机质含量（必要时做）；石灰的有效钙和氧化镁含量；收集或试验粉煤灰的化学成分、细度和烧失量。

3. 混合料的设计步骤

（1）制备不同比例的石灰粉煤灰混合料（如 10∶90，15∶85，20∶80，25∶75，30∶70，35∶65，40∶60，45∶55 和 50∶50），确定其各自的最佳含水量和最大干密度，确定同一龄期和同一压实度试件的抗压强度，选用强度最大时的石灰粉煤灰比例。

（2）根据试验所得的二灰比例，制备同一种土样的4~5种不同配合比的二灰土或二灰级配集料。其配合比宜在上述的配合比范围内选用。

（3）用重型击实试验法确定最佳含水量和最大干密度，并按规定达到的压实度，分别计算不同配合比时二灰土、二灰级配集料试件应有的干密度。

（4）按最佳含水量和计算得到的干密度制备试件。进行强度试验时，作为平行试验的试件数量应符合规定的数量。如试验结果的偏差系数大于规定值，则应重做试验，并找出原因加以解决。如不能降低偏差系数，则应增加试件数量。

（5）试件在规定温度下保湿养生6d，浸水24h后，按试验规程规定进行无侧限抗压强度试验，并计算试验结果的平均值和偏差系数。

（6）根据上述强度标准，选定混合料的配合比。

（7）石灰煤渣混合料的配合比设计可参照上述步骤进行。

三、路拌法施工程序与施工技术要点

1. 施工程序

如图所示 2-3 所示

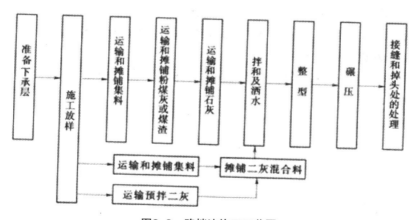

图2-3 路拌法施工工艺图

2. 施工技术要点

（1）备料

①粉煤灰应含有足够的水分，防止扬尘。对堆放过程中出现的结块，使用时应将其打碎。

②集料和石灰的备料与石灰稳定土中的要求相同。

③计算材料用量。根据各路段石灰工业废渣稳定土层的宽度、厚度及预定的干密度，计算各路段需要的干混合料质量：根据混合料的配合比、材料的含水量以及所用运料车辆的吨位，计算各种材料每车料的堆放距离。

④培路肩。如路肩用料与稳定土层用料不同，应采取培肩措施，先将两侧路肩培好。

路肩料层的压实厚度应与稳定土层的压实厚度相同。在路肩上每隔 5~10m 应交错开挖临时泄水沟。

⑤在预定堆料的下承层上，在堆料前应先洒水，使其表面湿润。

（2）运输与摊铺

①材料装车时，应控制每车装料量基本相等。

②采用二灰时，应先将粉煤灰运到现场：采用二灰稳定土时，应先将土运到现场。在同一料场供料的路段内，由远到近按计算的距离卸置材料于下承层上，并且料堆每隔一定距离留一缺口。材料堆置时间不应过长。

③通过试验确定各种材料及混合料的松铺系数。二灰土的松铺系数约为 1.5~1.7；二灰集料的松铺系数约为 1.3~1.5；人工铺筑石灰煤渣土的松铺系数约为 1.6~1.8；石灰煤渣集料的松铺系数约为 1.4；用机械拌和及机械整形时，集料松铺系数约为 1.2~1.3。

④采用机械路拌时，应采用层铺法。每种材料摊铺均匀后，宜先用两轮压路机碾压 1~2 遍，然后再运送并摊铺下一种材料。摊铺时，应力求平整，并具有规定的路拱。集料应较湿润，必要时先洒少量水。

（3）拌和及洒水

对二灰级配集料，应先将石灰和粉煤灰拌和均匀，然后均匀摊铺在集料层上，再一起进行拌和。其余"拌和及洒水"施工要点与水泥稳定土及石灰稳定土相同。

人工整形及平地机整形，碾压、接缝和掉头处的处理、路缘处理施工要点与水泥稳定土及石灰稳定土相同。

第三章　沥青面层工程施工建设

第一节　概述

一、沥青路面的特点

沥青路面是指沥青混合料经过摊铺、碾压等一系列工艺而形成的路面面层结构。沥青混合料是由沥青和矿质集料在高温条件下拌和而成的，沥青混合料的力学性质受温度、荷载大小和荷载作用时间长短的影响很大。沥青混合料的力学性质决定着沥青路面的使用性能。由于沥青路面使用了黏结力较强、有一定弹性和塑性变形能力的沥青材料，使其与水泥混凝土路面相比具有足够的强度、表面平整无接缝、振动小、行车舒适、抗滑性能好、耐久性好、施工期短、养护维修方便等优点，因此在我国的城市道路和公路中被广泛采用，成为我国高等级公路和城市道路的主要路面形式。但它也存在表面易受硬物损坏且容易磨光降低抗滑性等缺点，同时它对基层和路基的强度有很高要求。

二、沥青路面的分类

应用于各种道路上的沥青面层归纳起来主要有四种基本类型，即热拌沥青混合料、沥青表面处置与封层、沥青贯入式、冷拌沥青混合料。其中热拌及冷拌沥青混合料又可根据混合料的级配类型分为沥青混凝土（AC）、沥青稳定碎石（ATB）、沥青玛蹄脂碎石（SMA）、排水式沥青磨耗层（OGFC）、排水式沥青碎石基层（ATPB）和沥青碎石（AM）。

1. 热拌沥青混合料

用不同粒级的碎石、天然沙或机制沙、矿粉及沥青按一定设计配合比在拌和机中热拌所得的不同空隙率的混合料称热拌沥青混合料。热拌沥青混合料的级配类型有三种：密级配、开级配和半开级配，密级配又分为连续密级配和间断密级配。沥青混凝土就是其中的一种连续密级配。

热拌沥青混合料适用于各种等级道路的沥青面层。高速公路、一级公路的沥青上面层、中面层及下面层应采用沥青混凝土混合料铺筑，沥青碎石混合料仅适用于过渡层及整平层。其他等级道路的上面层宜采用沥青混凝土混合料铺筑。

2. 沥青表面处置与封层

沥青表面处置是我国早期沥青路面的主要类型，广泛使用于砂石路面以提高路面等级、解决晴雨通车所做的简易式沥青路面。现在除了三级公路以下的地方性公路上继续使用外，已逐渐为更高等级的沥青路面类型所代替。传统的表面处置使用喷洒法或称层铺法施工。喷撒法表面处置除在轻交通道路上用作沥青表面层外，还可在旧沥青面层或水泥混凝土路面上用作封层以封闭旧面层的裂缝和改善旧面层的抗滑性能。

封层是指为封闭表面空隙、防止水分侵入而在沥青面层或基层上铺筑的有一定厚度的沥青混合料薄层。铺筑在沥青面层表面的称为上封层，铺筑在沥青面层下面、基层表面的称为下封层。其实封层是属于表面处置的一种，近年来封层的用途越来越广泛，出现了石屑封层、微表处、超薄磨耗层等类型。

沥青表面处置与封层主要用来解决沥青路面的表面功能，对增加沥青路面的构造深度、提高表面抗滑、减少行车噪声起着决定作用。

在市政工程中，沥青表面处置适用于城市道路的支路和街坊路及在沥青面层或水泥混凝土面层上加铺的罩面或磨耗层。

3. 沥青贯入式路面

沥青贯入式路面是指在初步压实的碎石（或破碎砾石）上分层浇洒沥青、撒布嵌缝料或再在上部铺筑热拌沥青混合料封层，经压实而成的沥青面层。沥青贯入式路面是一种多孔隙结构，尤其是下部粗碎石之间的孔隙最大。作为面层，沥青贯入式路面必须有封面料，以密闭其表面，减少表面水透入路面结构层，并提高贯入式面层本身的耐用性。沥青贯入式路面是靠矿料颗粒间的嵌锁作用以及沥青的黏结作用获得所需的强度和稳定性。沥青贯入式路面在市政工程中适用于城市道路的次干路和支路。

4. 冷拌沥青混合料

以乳化沥青或稀释沥青为结合料与矿料在常温或加热温度很低的条件下拌和，所得的混合料为冷拌沥青混合料。冷拌沥青混合料适用于城市道路支线的沥青面层和各级道路沥青路面的联结层或整平层及低等级城市道路的路面补坑。

三、施工准备工作

沥青路面在正式开始施工前，应做好技术、资源、现场等多方面的准备工作。

1. 技术准备

（1）进一步熟悉和核对设计文件。熟悉和核对设计文件特别是结构及各项技术指标、质量要求等，并考虑其技术经济的合理性和施工的可行性。应认真仔细进行现场核对，如发现有疑问、错误、漏洞等及其他与实际情况不符之处，应按有关规定及时变更设计。

（2）编制实施性施工组织设计。主要是编制实施性施工方案、施工进度计划、施工预算和安全生产技术措施设计等控制和指导施工的文件，要保证其内容实事求是，客观具体，具有可操作性。

（3）提前落实沥青路面所用混合料的施工配合比。一个完整的混合料设计应分三阶段进行，第一阶段是目标配合比设计阶段，第二阶段是生产配合比设计阶段，第三阶段是生产配合比验证阶段也即施工配合比设计阶段。通过这三个阶段确定沥青混合料的材料品种、矿料级配及沥青用量。沥青混合料的配合比设计用马歇尔试验进行。

（4）技术交底。施工前应向参与施工的技术人员和班组长、工人分层次进行交底，必要时应举办短期有针对性的培训班，贯彻施工技术规范和操作规程、安全规程、质量保证、质量标准，进行技术交底，以确保工程质量。

（5）施工放样。在路面施工前，应根据设计文件和施工实际需要补订中心桩，恢复中线、补测水准点、横断面等。还应根据各结构层宽度、厚度分别放样，以指导和规范施工。

2. 资源准备

（1）施工机械机具准备。应按照合同规定，配备足够的施工机械、设备和器具，并保证均处于良好的技术状态及满足施工的要求，并应有相匹配的维修措施。

（2）材料准备。面层施工所使用的材料必须经过选择和检验，按规定的规格、技术品质和数量按计划安排运至工地，凡不合格的材料，均不得进场；进场发现不合格者，应运出施工现场，不得用于施工。

（3）安全防护准备。应严格执行安全操作规程，加强安全教育，准备好各种安全防护和劳动防护用品，进一步核对安全防护措施的可靠性和有效性。

3. 施工现场准备

（1）交通管制。为了确保施工安全和有序进行施工，对施工范围内道路的两端路口，要采取有效的交通管制措施，确保施工段断绝交通。

（2）沥青面层施工前应对基层进行检查，基层质量不符合要求的不得铺筑沥青面层。其要求是：具有足够的强度和适宜的刚度；具有良好的稳定性；干湿收缩变形较小；表面平整、密实、拱度与面层一致，高程符合要求。

（3）半刚性基层与沥青层宜在同一年内施工，以减少路面开裂。

（4）以旧沥青路面做基层时，应根据旧路面质量，确定对原有路面修补、铣刨、加铺罩面层。旧沥青路面的整平应按高程控制铺筑，分层整平的一层最大厚度不宜超过100mm。

（5）以旧的水泥混凝土路面做基层加铺沥青面层时，应根据旧路面质量，确定处理工艺，确认满足基层要求后，方能加铺沥青层。

（6）旧路面处理后必须彻底清除浮灰，根据需要并做适当的铣刨处理，洒布粘层油，再铺筑新的结构层。

第二节 沥青路面材料

一、材料的一般规定

1. 沥青路面使用的各种材料运至现场后必须取样进行质量检验，经评定合格后方可使用，不得以供应商提供的检测报告或商检报告代替现场检测，使用前必须由监理工程师认可。

2. 沥青路面材料的选择必须经过认真的料源调查，确认料源应尽可能就地取材。质量符合使用要求，石料开采必须注意环境保护，防止破坏生态平衡。

3. 集料粒径规格以方孔筛为准，不同料源、品种、规格的集料不得混杂堆放。

二、沥青

公路工程所用的沥青有多种，常见的有道路石油沥青、乳化沥青、液体石油沥青、煤沥青、改性沥青等。

1. 道路石油沥青。各个沥青等级的适用范围应符合规定。道路石油沥青的质量应符合技术要求，经建设单位同意，沥青的 PI（针入度指数）值、60℃动力黏度，10℃延度可作为选择性指标。

2. 沥青路面采用的沥青标号，宜按照公路等级、气候条件、交通条件、路面类型及在结构层中的层位及受力特点、施工方法等，结合当地的使用经验，经技术论证后确定。

（1）对高速公路、一级公路，夏季温度高、高温持续时间长、重载交通、山区及丘陵区上坡路段、服务区、停车场等行车速度慢的路段，尤其是汽车荷载剪应力大的层次，宜采用稠度大、60℃黏度大的沥青，也可提高高温地区气候分区的温度水平选用沥青等级；对冬季寒冷的地区或交通量小的公路、旅游公路宜选用稠度小、低温延度大的沥青；对温度日温差、年温差大的地区宜注意选用针入度指数大的沥青。当高温要求与低温要求发生矛盾时应优先考虑满足高温性能的要求。

（2）当缺乏所需标号的沥青时，可采用不同标号参配的调和沥青，其掺配比例由试验室确定，掺配后的沥青质量应符合要求。

3. 沥青必须按品种、标号分开存放。除长时间不使用的沥青可放在自然温度下存储外，沥青在储罐中贮存的温度不宜低于130℃，并不得高于170℃桶装沥青应直立堆放，并加盖苫布。

4. 道路石油沥青在贮运、使用及存放过程中应有良好的防水措施，避免雨水或加热管道蒸汽进入沥青中。

三、乳化沥青

乳化沥青是指石油沥青与水在乳化剂、稳定剂等作用下经乳化加工制得的均匀沥青产品，也称沥青乳液。

1.乳化沥青适用于沥青表面处治路面、沥青贯入式路面、冷拌沥青混合料路面，修补裂缝，喷洒透层、粘层与封层等。乳化沥青的品种和适用范围宜符合规定。

2.乳化沥青的质量应符合规定。在高温条件下宜采用黏度较大的乳化沥青，寒冷条件下宜使用黏度较小的乳化沥青。

3.乳化沥青类型根据集料品种及使用条件选择。阳离子乳化沥青适用于各种集料品种，阴离子乳化沥青适用于碱性石料，乳化沥青的破乳速度、黏度宜根据用途与施工方法选择。

4.制备乳化沥青的基质沥青，对高速公路和一级公路，宜符合道路石油沥青 A、B 级沥青的要求，其他情况可采用 C 级沥青。

5.乳化沥青宜放在立式罐中，并保持适当搅拌，贮存期宜不离析、不冻结、不破乳。

四、液体石油沥青

1.液体石油沥青适用于透层、粘层及拌制冷拌沥青混合料。根据使用目的与场所，可选用快凝、中凝、慢凝的液体石油沥青，其质量应符合道路用液体石油沥青技术要求。

2.液体石油沥青宜采用针入度较大的石油沥青，使用前按先加热沥青后加稀释剂的顺序，掺配煤油或轻柴油，经适当的搅拌、稀释制成；掺配比例根据使用要求由试验室确定。

3.液体石油沥青在制作、贮存、使用的全过程中必须通风良好，并有专人负责，确保安全。基质沥青的加热温度严禁超过 140℃，液体沥青的贮存温度不得高于 50℃。

五、煤沥青

1.道路用煤沥青的标号根据气候条件、施工温度、使用目的选用，其质量应符合道路用煤沥青技术要求。

2.道路用煤沥青适用于下列情况：

（1）各种等级公路的各种基层上的透层，宜采用 T-1 级或 T-2 级，其他等级不符合喷洒要求时可适当稀释使用；

（2）三级及三级以下的公路铺筑表面处治或灌入式沥青路面，宜采用 T-5、T-6 或 T-7 级；

（3）与道路石油沥青、乳化沥青混合使用，以改善渗透性。

3.道路用煤沥青严禁用于热拌热铺的沥青混合料，做其他用途时的贮存温度宜为 70℃~90℃，且不得长时间贮存。

六、改性沥青

改性沥青是通过掺加橡胶、树脂、高分子聚合物、天然沥青、磨细的橡胶粉，或其他材料等外掺剂（改性剂）制成的沥青结合料，从而使沥青或沥青混合料的性能得以改善。

1. 改性沥青可单独或复合采用高分子聚合物、天然沥青及其他改性材料制作。

2. 各类聚合物改性沥青的质量应符合技术要求，当采用其他的聚合物及复合改性沥青时，可通过试验研究制定相应的技术要求。

3. 制作改性沥青的基质沥青应与改性剂有良好的配伍性，其质量宜符合 A 级或 B 级道路石油沥青的技术要求。供应商在提供改性沥青的质量报告时应提供基质沥青的质量检验报告或沥青样品。

4. 天然沥青可以单独与石油沥青混合使用或与其他改性沥青混融后使用，天然沥青的质量要求宜根据其品种参照相关标准和成功的经验执行。

5. 用作改性剂的 SBR 乳胶中的固体物含量不宜少于 45%，使用中严禁长时间暴晒或遭冰冻。

6. 改性沥青的剂量以改性剂占改性沥青总量的百分数计算，乳胶改性沥青的剂量应以扣除水以后的固体物含量计算。

7. 改性沥青宜在固定式工厂或在现场设厂集中制作，也可在拌和厂现场边制作边使用，改性沥青的加工温度不宜超过 180℃。胶乳类改性剂和制成颗粒的改性剂可直接投入拌和缸中生产改性沥青混合料。

8. 用溶剂法生产改性沥青母体时，挥发性溶剂回收后的残留量不得超过 5%。

9. 现场制作的改性沥青宜随配随用，需做短时间保存，或运送到附近的工地时，使用前必须搅拌均匀，在不发生离析的状态下使用。改性沥青制作设备必须设有随机采集样品的取样口，采集的试样宜立即在现场灌模。

10. 工厂制作的成品改性沥青到达施工现场后存贮在改性沥青罐中，改性沥青罐中必须加设搅拌设备并进行搅拌，使用前改性沥青必须搅拌均匀。在施工过程中应定期取样检验产品质量，发现离析等质量不符合要求的改性沥青不得使用。

第三节　透层、粘层建设技术

一、透层施工技术要点

1. 沥青路面各类基层都必须喷洒透层油，沥青层必须在透层油完全渗透入基层后方可铺筑。基层上设置下封层时，透层油不宜省略。气温低于 10℃或大风天气，即将降雨时不得喷洒透层油。

2. 根据基层类型选择渗透性好的液体沥青、乳化沥青、煤沥青做透层油，喷洒后通过钻孔或挖掘确认透层油渗透入基层的深度宜不小于 5mm（无机结合料稳定集料基层）~10mm（无结合料基层），并能与基层连接成为一体。透层油的质量应符合要求。

3. 透层油的黏度通过调节稀释剂的用量或乳化沥青的浓度得到适宜的黏度，基质沥青的针入度通常宜不小于 100。透层用乳化沥青的燕发残留物含量允许根据渗透情况适当调整，当使用成品乳化沥青时可通过稀释得到要求的黏度。透层用液体沥青的黏度通过调节煤油或轻柴油等稀释剂的品种和掺量经试验确定。

4. 透层油的用量通过试洒确定。

5. 用于半刚性基层的透层油宜紧接在基层碾压成型后表面稍变干燥，但尚未硬化的情况下喷洒。

6. 在无结合料粒料的基层上洒布透层油时，宜在铺筑沥青层前 1~2d 洒布。

7. 透层油宜采用沥青洒布车一次喷洒均匀，使用的喷嘴宜根据透层油的种类和黏度选择并保证均匀喷洒，沥青洒布车喷洒不均匀时宜改用手工沥青洒布机喷洒。

8. 喷洒透层油前应清扫路面，遮挡防护路缘石及人工构造物避免污染，透层油必须洒布均匀，有花白遗漏应人工补洒，喷洒过量的立即撒布石屑或沙吸油，必要时做适当碾压。透层油洒布后不得在表面形成能被运料车和摊铺机粘起的油皮，透层油达不到渗透深度要求时应更换透层油稠度或品种。

9. 透层油洒布后的养生时间随透层油的品种和气候条件由试验确定，确保液体沥青中的稀释剂全部挥发，乳化沥青渗透且水分蒸发，然后尽早铺筑沥青面层，防止工程车辆损坏透层。

二、粘层施工技术要点

1. 符合下列情况之一时，必须喷洒粘层油：

（1）双层式或三层式热拌热铺沥青混合料路面的沥青层之间。

（2）水泥混凝土路面、沥青稳定碎石基层或旧沥青路面层上加铺沥青层。

（3）路缘石、雨水口，检查井等构造物与新铺沥青混合料接触的侧面。

2. 粘层油宜采用快裂或中裂乳化沥青、改性乳化沥青，也可采用快、中凝液体石油沥青其规格和质量应符合规范要求，所使用的基质沥青标号宜与主层沥青混合料相同。

3. 粘层油品种和用量，应根据下卧层的类型通过试洒确定。

4. 粘层油宜采用沥青喷洒车喷洒，并选用适宜的喷嘴，洒布速度和喷洒量保持稳定。当采用机动或手播的手工沥青洒布机喷洒时，必须由熟练的技术工人操作，均匀洒布。气温低于 10℃时不得喷洒粘层油，寒冷季节施工不得不喷洒时可以分成两次喷洒。路面潮湿时不得喷洒粘层油，用水洗刷需待表面干燥后喷洒。

5. 喷洒的粘层油必须呈均匀雾状，在路面全宽度内均匀分布成一薄层，不得有洒花漏空或呈条状，也不得有堆积。喷洒不足的要补洒，喷洒过量处应予刮除。喷洒粘层油后，严禁运料车外的其他车辆和行人通过。

6. 粘层油宜在当天洒布，待乳化沥青破乳、水分蒸发完成，或稀释沥青中的稀释剂基本挥发完成后，紧跟着铺筑沥青层，确保粘层不受污染。

第四节　热拌沥青混合料路面施工技术

一、热拌沥青混合料的种类及基本要求

1. 热拌沥青混合料种类

热拌沥青混合料（HMA）适用于各种等级的城市道路和公路的沥青路面。其种类按集料公称最大粒径、矿料级配、空隙率划分。

2. 基本要求

（1）各层沥青混合料应满足所在层位的功能要求，便于施工不容易离析。各层应连续施工并连接成为一个整体。当发现混合料结构组合及级配类型的设计不合理时，应进行修改、调整，以确保沥青路面的使用性能。

（2）沥青面层集料的最大粒径宜从上至下逐渐增大，并应与压实层厚度相匹配，对热拌热铺密级配沥青混合料，沥青层一层的压实厚度不宜小于集料公称最大粒径的 2.5~3 倍，对 SMA 和 OGFC 等嵌挤型混合料不宜小于公称最大粒径的 2~2.5 倍，以减少离析便于压实。

二、施工前的准备工作

1. 铺筑沥青面层前，应检查基层或下卧沥青层的质量，不符合要求的不得铺筑沥青面层。旧沥青路面或下卧层已被污染时，必须清洗或经铣刨处理后方可铺筑沥青混合料。

2. 石油沥青加工及沥青混合料施工温度应根据沥青标号及黏度、气候条件、铺装层的厚度确定。

（1）普通沥青混合料的施工温度宜通过在 135℃ 及 175℃ 条件下测定的黏度 - 温度曲线按规定确定。缺乏粘温曲线数据时，可参照标准范围选择，并根据实际情况确定使用高值或低值。当温度不符合实际情况时，容许做适当调整。

（2）聚合物改性沥青混合料的施工温度根据实践经验并参照要求选择。通常较普通沥青混合料的施工温度提高 10℃ ~20℃。对采用冷态乳胶直接喷入法制作的改性沥青混合料，集中烘干温度应进一步提高。

（3）SMA 混合料的施工温度应视纤维品种和数量、矿粉用量的不同，在改性沥青混合料的基础上做适当提高。

三、沥青混合料的拌和

沥青混合料的拌和是沥青面层施工的关键环节之一，拌和厂的材料、机械设备和产品质量都会直接影响沥青混合料的各项技术指标以及面层质量。

1.材料

沥青混合料使用的材料分为两大部分，一是矿料，二是沥青。材料的技术指标应满足本章第2节中的相关规定。同时并注意细集料和沥青的存放，应避免潮湿和被雨淋。

2.沥青混合料必须在沥青拌和厂（场、站）采用拌和机械拌制

（1）热拌沥青混合料的拌和工艺流程如图3-1所示。

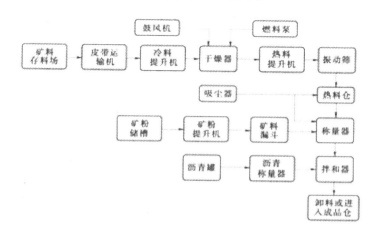

图3-1 热拌沥青混合料拌和工艺流程

（2）热拌沥青混合料的拌制。

①沥青拌和厂的设置除应符合国家有关环境保护、消防、安全等规定外，还应具备下列条件：

A.拌和厂应设置在空旷、干燥、运输条件良好的地方。

B.沥青应分品种、分标号密封储存。各种矿料应分别堆放在具有硬质基底的料仓或场地上，并不得混杂。矿粉等填料不得受潮。集料宜设置防雨顶棚。拌和厂应有良好的排水设施。

C.拌和厂应配备试验室，并配置足够的仪器设备。

D.拌和厂应有可靠的电力供应。

②热拌沥青混合料可采用间歇式拌和机或连续式拌和机拌制。高速公路、一级公路的沥青混凝土宜采用间歇式拌和机拌和。连续式拌和机使用的集料必须稳定不变，一个工程从多处进料、料源或质量不稳定时，不得采用连续式拌和机拌和。

③沥青混合料拌和设备的各种传感器必须定期标定，周期不少于每年一次。冷料供料装置需经标定得出集料供料曲线。

④间歇式拌和机应符合下列要求：

A. 总拌和能力满足施工进度要求。拌和机除尘设备完好，能达到环保要求。

B. 冷料仓的数量满足配合比需要，通常不宜少于 5~6 个。具有添加纤维、消石灰等外掺剂的设备。

⑤集料与沥青混合料取样应符合现行试验规程的要求。从沥青混合料运料车上取样时，必须在设置取样台分几处采集一定深度下的样品。

⑥集料进场宜在料堆顶部平台卸料，经推土机推平后，铲运机从底部按顺序竖直装料，减小集料离析。

⑦高速公路和一级公路施工用的间歇式拌和机必须配备计算机设备，拌和过程中逐盘采集并打印各个传感器测定的材料用量和沥青混合料拌和量、拌和温度等各种参数。每个台班结束时打印出一个台班的统计量，按规定的方法进行沥青混合料生产质量及铺筑厚度的总量检验。总量检验的数据有异常波动时，应立即停止生产，分析原因。

⑧沥青混合料的生产温度应符合规定的要求。烘干集料的残余含水量不得大于 1%。每天开始几盘集料应提高加热温度，并干拌几锅集料废弃，再正式加沥青拌和混合料。

⑨拌和机的矿粉仓应配备振动装置以防止矿粉起拱。添加消石灰、水泥等外掺剂时，宜增加粉料仓，也可由专用管线和螺旋升送器直接加大拌和锅，若与矿粉混合使用时应注意二者因密度不同发生离析。

⑩拌和机必须有二级除尘装置，经一级除尘部分可直接回收使用，二级除尘部分可进入回收粉仓使用（或废弃）。对因除尘造成的粉料损失，应补充等量的新矿粉。

⑪沥青混合料拌和时间根据具体情况经试拌确定，以沥青均匀裹覆集料为度。

拌和机每盘的生产周期不宜少于 45s（其中干拌时间不少于 5~10s），改性沥青和 SMA 混合料的拌和时间应适当延长。

⑫间歇式拌和机的振动筛规格应与矿料规格相匹配，最大筛孔宜略大于混合料的最大粒径，其余筛的设置应考虑混合料的级配稳定，并尽量使热料仓大体均衡，不同级配混合料必须配置不同的筛孔组合。

⑬间隙式拌和机宜备有保温性能好的成品储料仓，储存过程中混合料温降不得大于 10℃，且不能有沥青滴漏。普通沥青混合料的储存时间不得超过 72h；改性沥青混合料的储存时间不宜超过 24h；SMA 混合料只限当天使用，OGFC 混合料宜随拌随用。

⑭生产添加纤维的沥青混合料时，纤维必须在混合料中充分分散，拌和均匀。拌和机应配备同步添加投料装置，松散的絮状纤维可在喷入沥青的同时或稍后采用风送设备喷入拌和锅，拌和时间宜延长 5s 以上。颗粒纤维可在粗集料投入的同时自动加入，经 5~10s 的干拌后，再投入矿粉。工程量很小时，也可分装成塑料小包或由人工量取直接投入拌和锅。

⑮使用改性沥青时应随时检查沥青泵、管道、计量器是否受堵，堵塞时应及时清洗。

⑯沥青混合料出厂时应逐车检测沥青混合料的重量和温度，记录出厂时间，签发运料单。

四、热拌沥青混合料的运输

厂拌沥青混合料通常用自卸汽车运往铺筑现场，其所需运输的车辆数可按下式计算：

$$N \frac{a(T_1 + T_2 + T_3)}{T}$$

式中：N 为所需车辆数；T_1 为重载运程时间，min；T_2 为空载运程时间，min；T_3 为在工地卸料和等待的时间，min；T 为拌制一车混合料所需的时间，min；a 为储备系数，视交通情况而定，一般取 a=1.1~1.2。

1. 热拌沥青混合料宜采用较大吨位的运料车运输，但不得超载运输，或急制动、急弯掉头使透层、封层造成损伤。运料车的运力应稍有富余，施工过程中摊铺机前方应有运料车等候。对高速公路、一级公路，宜待等候的运料车多于 5 辆后开始摊铺。

2. 运料车每次使用前后必须清扫干净，在车厢板上涂一薄层防止沥青黏结的隔离剂或防粘剂，但不得有余液积聚在车厢底部。从拌和机向运料车上装料时，应多次挪动汽车位置，平衡装料，以减少混合料离析。运料车运输混合料宜用苫布覆盖保温、防雨、防污染。

3. 运料车进入摊铺现场时，轮胎上不得沾有泥土等可能污染路面的脏物，否则宜设水池洗净轮胎后进入工程现场。沥青混合料在摊铺地点凭运料单接收，若混合料不符合施工温度要求，或已经结成团块、已遭雨淋的，不得铺筑。

4. 摊铺过程中，运料车应在摊铺机前 100~300mm 处停住，空挡等候，由摊铺机推动前进开始缓缓卸料，避免撞击摊铺机。在有条件时，运料车可将混合料卸入转运车经二次拌和后向摊铺机连续均匀地供料。运料车每次卸料必须倒净，尤其是对改性沥青或 SMA 混合料，如有剩余，应及时清除，防止硬结。

5. SMA 及 OGFC 混合料在运输、等候过程中，如发现有沥青混合料沿车厢板滴漏时，应采取措施予以避免。

五、热拌沥青混合料的摊铺

1. 热拌沥青混合料应采用沥青摊铺机摊铺，在喷洒有粘层油的路面上铺筑改性沥青混合料或 SMA 时，宜使用履带式摊铺机。摊铺机的受料斗应涂刷薄层隔离剂或防黏结剂。

2. 铺筑高速公路、一级公路沥青混合料时，一台摊铺机的铺筑宽度不宜超过 6m（双车道）~7.5m（3 车道以上），通常宜采用两台或更多台数的摊铺机前后错开 10~20m，呈梯队方式同步摊铺，两幅之间应有 30~60mm 左右宽度的搭接，并躲开车道轨迹带，上、下层的搭接位置宜错开 200mm 以上。

3. 摊铺机开工前应提前 0.5~1h 预热熨平板不低于 100℃。铺筑过程中应选择熨平板的振捣或夯锤压实装置具有适宜的振动频率和振幅，以提高路面的初始压实度。熨平板加宽连接应仔细调节至摊铺的混合料没有明显的离析痕迹。

4. 摊铺机必须缓慢、均匀、连续不间断地摊铺，不得随意变换速度或中途停顿，以提高平整度，减少混合料的离析。摊铺速度宜控制在 2~6m/min 的范围内，对改性沥青混合料及 SMA 混合料宜放慢至 1~3m/min。当发现混合料出现明显的离析、波浪、裂缝、拖痕时，应分析原因，予以消除。

5.摊铺机应采用自动找平方式，下面层或基层宜采用钢丝绳引导的高程控制方式，上面层宜采用平衡梁或雪橇式摊铺厚度控制方式，中面层根据情况选用找平方式。直接接触式平衡梁的轮子不得黏附沥青。铺筑改性沥青或 SMA 路面时宜采用非接触式平衡梁。

6.沥青路面施工的最低气温应符合规定的要求，寒冷季节遇大风降温，不能保证迅速压实时不得铺筑沥青混合料。热拌沥青混合料的最低摊铺温度根据铺筑层厚度、气温、风速及下卧层表面温度按规定的要求执行，且不得低于要求。每天施工开始阶段宜采用较高温度的混合料。

7.沥青混合料的松铺系数应根据混合料类型由试铺试压确定。摊铺过程中应随时检查摊铺层厚度及路拱、横坡，并按《公路沥青路面施工技术规范》（JTGF40-200）中附录 G 的方法由使用的混合料总量与面积校验平均厚度。

8.摊铺机的螺旋布料器应相应于摊铺速度调整到保持一个稳定的速度均衡地转动，两侧应保持有不少于送料器 2/3 高度的混合料，以减少在摊铺过程中混合料的离析。

9.用机械摊铺的混合料，不宜用人工反复修整。当不得不由人工做局部找补或更换混合料时，需仔细进行，特别严重的缺陷应整层铲除。

10.在路面狭窄处或加宽部分，以及小规模工程不能采用摊铺机铺筑时可用人工摊铺混合料。

11.在雨季铺筑沥青路面时，应加强与气象台（站）的联系，已摊铺的沥青层因遇雨未行压实的应予以铲除。

12.摊铺过程是自动倾卸汽车将混合料卸到摊铺机料斗后，经链式传送器将混合料往后传到螺旋摊铺器，随着摊铺机向前行驶，螺旋摊铺器即在摊铺带宽度上均匀地摊铺混合料。随后由振捣板捣实，并由摊平板整平。

六、沥青路面的压实及接缝的处理

1.沥青路面的压实

（1）压实成型的沥青路面应符合压实度及平整度的要求。

（2）沥青混凝土的压实层最大厚度不宜大于 100mm，沥青稳定碎石混合料的压实层厚度不宜大于 120mm，但当采用大功率压路机且经试验证明能达到压实度时允许增大到 150mm。

（3）沥青路面施工应配备足够数量的压路机，选择合理的压路机组合方式及初压、复压、终压（包括成型）的碾压步骤，以达到最佳碾压效果。压路机数量应根据道路等级和路面宽度综合确定。施工气温低、风大、碾压层薄时，压路机数量应适当增加。

（4）压路机应以慢而均匀的速度碾压，压路机的碾压速度应符合规定。压路机的碾压路线及碾压方向不应突然改变而导致混合料推移。碾压区的长度应大体稳定，两端的折返位置应随摊铺机前进而推进，横向不得在相同的断面上。

（5）压路机的碾压温度应符合规定的要求，并根据混合料种类、压路机、气温、层厚等情况经试压确定。在不产生严重推移和裂缝的前提下，初压、复压、终压都应在尽可能高的温度下进行。同时不得在低温状况下做反复碾压，使石料棱角磨损、压碎，破坏集料嵌挤。

（6）碾压轮在碾压过程中应保持清洁，有混合料粘轮应立即清除。对钢轮可涂刷隔离剂或防黏结剂，但严禁刷柴油。当采用向碾压轮喷水（可添加少量表面活性剂）的方式时，必须严格控制喷水量且呈雾状，不得漫流，以防混合料降温过快。轮胎压路机开始碾压阶段，可适当烘烤、涂刷少量隔离剂或防黏结剂，也可少量喷水，并先到高温区碾压使轮胎尽快升温，之后停止洒水。轮胎压路机轮胎外围宜加设围裙保温。

（7）压路机不得在未碾压成型路段上转向、掉头、加水或停留。在当天成型的路面上，不得停放各种机械设备或车辆，不得散落矿料、油料等杂物。

2.沥青路面的横向接缝

通常情况下，城市道路的施工横向接缝比公路发生的频率高，尤其是改建或打建的城市道路，其横向接缝更多。要更好地处理横向接缝，使其符合规范要求的平整度，主要应注意以下几点：

（1）横向接缝形式。沥青混合料的横向接缝通常采用三种形式。道路的表面层横向接缝应采取平接缝的形式，而道路的中面层或下面层采取斜接缝或阶梯形接缝的形式。在施工时为保证水平接缝不在一个垂直面上，相邻两幅及上下层的横向接缝均应错位 1m 以上。

（2）横向接缝位置的确定。不管是哪种形式的接缝，最终都要达到表面平整的要求，接缝的具体位置应视接缝范围内路面的具体情况来定。用 3m 直尺在预定接缝的范围内对已碾压完毕的混合料表面进行多次横向和纵向的测量，其间隙应控制在 4mm 以下，找准位置后并进行画线，画线要顺直并与道路中心线垂直。对于表面层的水平接缝要用切割机沿此线进行切割成垂直面；对于阶梯形接缝的形式应沿此线进行洗刨或人工剔除；对于斜接缝应以此为铺筑新结合料的衔接线。同时在接缝处涂刷薄层沥青或乳化沥青，以增强接缝处新旧铺筑层间的黏结。

（3）接缝处混合料温度的控制。混合料温度的控制对于整个沥青面层的施工起着至关重要的作用。在横向接缝处往往是摊铺机开始作业的第一车料，运输车的车斗、摊铺机的料斗及摊铺机烫平板的温度均是常温，混合料装入或倒入后，一部分料要预热车斗和料斗，其温度将有所下降，而这部分料又首先要预热烫平板后被摊铺到接缝处，其温度会连续下降。如果第一车料的温度按出厂的正常温度或偏下限温度控制，那么势必会造成接缝处混合料的温度过低，影响施工质量。所以，对拌和厂第一车料温度的控制要更加严格，其温度应比正常的温度偏高，从而保证摊铺到接缝处的混合料的温度在规定的范围内。

（4）接缝混合料的及时测量和处理。摊铺机走过后，要马上对接缝处所摊铺的混合料进行测量，一是测量混合料的虚铺厚度，二是用 3m 直尺测量其平整度。对于超厚或者欠厚的应及时进行人工铲除或填补，对于不平整的位置赶紧进行修平，可谓"趁热打铁"，在最短的时间内将混合料修匀到满足要求。这项工作应设固定的专人负责，以提高面层的施工质量。

（5）横向接缝的碾压。接缝摊铺完毕后，压路机应尽快进行碾压，要求初压、复压和终压的温度均应在规定的范围内；否则，应重新摊铺混合料。由于接缝处的混合料温度下降较快，摊铺机开始工作时，所有的碾压设备都应处于待机状态，随时可以操作。初压时用轻型压路机可先平行于接缝向新铺层错轮 20cm 进行碾压（骑缝碾压）两遍，然后再纵向碾压。

为保证接缝处碾压温度，纵向碾压的距离可控制得较短一些（10~15m 即可），这样可以缩短碾压所需的时间。当接缝处基本成型后，若发现新铺层略高于原来的路面，这时压路机应沿着前进方向适当放慢碾压速度，以尽量使混合料向前进方向推挤，后退时适当加快速度以减少推挤。相反，当新铺层略低于原来的路面时，压路机前进的速度适当加快而后退时适当放慢，推挤混合料尽量使接缝处平顺，从而保证接缝的质量。

总之，沥青路面的施工必须接缝紧密、连接平顺，尽量使整个路面形成一个整体，不得产生明显的接缝离析。接缝施工应用 3m 直尺检查，确保平整度符合要求。

第五节　沥青表面处置与封层建设技术

沥青表面处治是指用沥青和集料按拌和法和层铺法施工，厚度一般不超过 30mm 的一种薄层沥青面层。封层是为封闭表面空隙、防止水分侵入而在沥青面层或基层上铺筑的有一定厚度的沥青混合料薄层。其有上封层和下封层两种，各种封层适用于加铺薄层罩面、磨耗层、水泥混凝土路面上的应力缓冲层、各种防水和密水层、预防性养护跟面层。沥青表面处置与封层宜选择在干燥和较热的季节施工，并在最高温度低于 15℃时期到来之前半个月及雨季前结束。

一、沥青表面处置施工技术要点

1. 沥青表面处置施工流程

沥青表面处置通常采用层铺法施工，按照洒布沥青和撒铺矿料的层次多少，沥青表面处治可分为单层式、双层式和三层式三种。三层式为洒布三次沥青，撒铺三次矿料，厚度为 2.5~3.0mm，双层式厚度为 2.0~2.5mm，单层式厚度为 1.0~1.5mm。

层铺法沥青表面处置施工，一般采用"先油后料"法，即先洒布一层沥青，后撒铺一层矿料，其施工流程如下：

清扫基层→浇洒沥青→撒布集料→碾压→控制交通→初期养护→开放交通

2.层铺法沥青表面处置施工技术要点

（1）沥青表面处置可采用道路石油沥青、乳化沥青、煤沥青铺筑，沥青标号应按相关规定选用。沥青表面处置的集料最大粒径应与处置层的厚度相等，其规格和用量宜按要求选用，沥青表面处治施工后，应在路侧另备 S12（5~10mm）碎石或 S14（3~5mm）石屑、粗砂或小砾石（2~3m³/1000m²）作为初期养护用料。

（2）在清扫干净的碎（砾）石路面上铺筑沥青表面处置时，应喷洒透层油。在旧沥青路面、水泥混凝土路面、块石路面上铺筑沥青表面处置路面时，可在第一层沥青用量中增加 10%~20%，不再另洒透层油或粘层油。

（3）层铺法沥青表面处置路面宜采用沥青洒布车及集料撒布机联合作业。沥青洒布车喷洒沥青时应保持稳定速度和喷洒量，并保持整个洒布宽度喷洒均匀。小规模工程可采用机动或手摇的手工沥青洒布机洒布沥青。洒布设备的喷嘴应适用于沥青的稠度，确保能呈雾状，与洒油管成 15°~25° 的夹角，洒油管的高度应使同一地点接受 2~3 个喷油嘴喷洒的沥青，不得出现花白条。

（4）喷洒沥青材料时应对道路人工构筑物、路缘石等外露部分做防污染遮盖。

（5）沥青表面处治施工应确保各工序紧密衔接，每个作业段长度应根据施工能力确定，并在当天完成。人工撒布集料时应等距离划分段落备料。

（6）三层式沥青表面处置的施工工艺应按下列步骤进行：

①清扫基层，洒布第一层沥青。沥青的洒布温度根据气温及沥青标号选择，石油沥青宜为 130℃~170℃，煤沥青宜为 80℃~120℃，乳化沥青在常温下洒布，加温洒布的乳液温度不得超过 60℃。前后两车喷洒的接茬处用铁板或建筑纸铺 1~1.5m，使搭接良好。分几幅浇洒时，纵向搭接宽度宜为 100~150mm。洒布第二、三层沥青的搭接缝应错开。

②洒布主层沥青后应立即用集料撒布机或人工撒布第一层主集料。撒布集料后应及时扫匀，达到全面覆盖、厚度一致、集料不重叠也不露出沥青的要求。局部有缺料时适当找补，集料过多的将多余集料扫出。两幅搭接处，第一幅洒布沥青应暂留 100~150mm 宽度不撒布石料，待第 2 幅一起撒布。

③撒布主集料后，不必等全段撒布完，立即用 6~8t 钢筒双轮压路机从路边向路中心碾压 3~4 遍，每次轨迹重叠约 300mm。碾压速度开始不宜超过 2km/h，以后可适当增加。

④第二、三层的施工方法和要求与第一层相同，但可以采用 8t 以上的压路机碾压。

（7）双层式或单层式沥青表面处治浇洒沥青及撒布集料的次数相应减少，其施工工程序和要求参照第（6）条进行。

（8）除乳化沥青表面处治应待破乳、水分蒸发并基本成型后方可通车外，沥青表面处治在碾压结束后即可开放交通，并通过开放交通补充压实，成型稳定。在通车初期应设专人指挥交通或设置障碍物控制行车，限制行车速度不超过 20km/h，严禁畜力车及铁轮车行驶，使路面全部宽度均匀压实。

（9）沥青表面处治应注意初期养护。当发现有泛油时，应在泛油处补撒与最后一层石料规格相同的嵌缝料并扫匀，过多的浮料应扫出路外。

二、上封层施工技术要点

1. 根据情况可选择乳化沥青稀浆封层、微表处、改性沥青集料封层、薄层磨耗层或其他适宜的材料。

2. 铺设上封层的下卧层必须彻底清扫干净，对车辙、坑槽、裂缝进行处理或挖补。

3. 上封层的类型根据使用目的、路面的破损程度选用。

（1）裂缝较细、较密的可采用涂洒类密封剂、软化再生剂等涂刷罩面。

（2）对于一级公路及其以下等级的公路的旧沥青路面可以采用普通的乳化沥青稀浆封层，也可在喷洒道路石油沥青并洒布石屑（砂）后碾压做封层。

（3）对于高速公路有轻微损坏的宜铺筑微表处。

（4）对用于改善抗滑性能的上封层可采用稀浆封层、微表处或改性沥青集料封层。

三、下封层施工技术要点

1. 多雨潮湿地区的高速公路、一级公路的沥青面层空隙率较大，有严重渗水可能，或铺筑基层不能及时铺筑沥青面层而需通行车辆时，宜在喷洒透层油后铺筑下封层。

2. 下封层宜采用层铺法表面处置或稀浆封层法施工。稀浆封层可采用乳化沥青或改性乳化沥青做结合料。下封层的厚度不宜小于6mm，且做到完全密水。

3. 以层铺法沥青表面处置铺筑下封层时，通常采用单层式，沥青用量可采用要求范围的中高限。

第六节　沥青贯入式路面建设技术

沥青贯入式路面是指在初步压实的主层碎石料上分层浇洒沥青、撒布嵌缝料，或再在上部铺筑热拌沥青混合料封层经压实而成的沥青面层。适用于城市道路的次干路和支路。也可作为沥青路面的连接层或基层，厚度宜为40~80mm，但乳化沥青的厚度不宜超过50mm，当贯入层上部加铺拌和的沥青混合料面层成为上拌下贯式路面时，拌和层的厚度宜不小于1.5cm。沥青贯入式路面的最上层应撒布封层料或加铺拌和层。沥青贯入层作为连接层使用时，可不撒表面封层料。沥青贯入式路面宜选择在干燥和较热的季节施工，并宜在日最高温度降低至15℃以前半个月结束，使贯入式结构层通过开放交通碾压成型。

一、贯入式路面所用材料规格和用量

1. 沥青贯入式路面的集料应选择有棱角、嵌挤性好的坚硬石料，其规格和用量宜根据贯入层厚度按要求选用。沥青贯入层主层集料中大于粒径范围中值的数量不宜少于 50%。表面不加铺拌和层地灌入式路面在施工结束后每 1000m² 宜另备 2~3m² 与最后一层嵌缝料规格相同的细集料等供初期养护使用。

2. 沥青贯入层的主层集料最大粒径宜与贯入层厚度相当。当采用乳化沥青时，主层集料最大粒径可采用厚度的 0.8~0.85 倍，数量宜按压实系数 1.25~1.30 计算。

3. 贯入式路面的结合料可采用道路石油沥青、煤沥青或乳化沥青，用量应按规范的规定选用。

4. 贯入式路面各层分次沥青用量应根据施工气温及沥青标号等在规定范围内选用。在寒冷地带或当施工季节气温较低、沥青针入度较小时，沥青用量宜用高限；在低温潮湿气候下用乳化沥青贯入时，应按乳液总用量不变的原则进行调整，上层较正常情况适当增加，下层较正常情况适当减少。

二、贯入式路面施工准备

1. 沥青贯入式路面在施工前，基层必须清扫干净。当需要安装路缘石时，应在路缘石安装完成后施工。路缘石应予遮盖。

2. 乳化沥青贯入式路面必须浇洒透层或粘层沥青。沥青贯入式路面厚度小于或等于 5cm 时，也应浇洒透层或粘层沥青。

三、贯入式路面的施工技术要点

1. 沥青贯入式路面的施工应按下列步骤进行：

（1）采用碎石摊铺机、平地机或人工摊铺主层集料。铺筑后严禁车辆通行。

（2）碾压主层集料。撒布后应采用 6~8t 的轻型钢筒式压路机自路两侧向路中心碾压，碾压速度宜为 2km/h，每次轨迹重叠约 30cm，碾压一遍后检验路拱和纵向坡度。当不符合要求时，应调整找平后再压。然后用重型的钢轮压路机碾压，每次轨迹重叠 1/2 左右，宜碾压 4~6 遍，直至主层集料嵌挤稳定，无显著轨迹为止。

（3）浇撒第一层沥青。浇洒方法应按上述进行，采用乳化沥青贯入时，为防止乳液下漏过多，可在主层集料碾压稳定后，先撒布一部分上一层嵌缝料，再浇洒主层沥青。

（4）采用集料撒布机或人工撒布第一层嵌缝料。撒布后尽量扫匀，不足处应找补。当使用乳化沥青时，石料撒布必须在乳液破乳前完成。

（5）立即用 8~12t 钢筒式压路机碾压嵌缝料，轨迹重叠轮宽的 1/2 左右，宜碾压 4~6 遍，直至稳定为止。碾压时随压随扫，使嵌缝料均匀嵌入。因气温较高使碾压过程中发生较大推移现象时，应立即停止碾压，待气温稍低时再继续碾压。

（6）按上述方法浇洒第二层沥青、撒布第二层嵌缝料，然后碾压，再浇洒第三层沥青。

（7）按撒布嵌缝料方法撒布封层料。

（8）采用 6~8t 压路机做最后碾压，宜碾压 2~4 遍，然后开放交通。

2. 沥青贯入式路面开放交通后应按规范的相关要求控制交通，做初期养护。

3. 铺筑上拌下贯式路面时，贯入层不撒布封层料，拌和层应紧跟贯入层施工，使上下成为一整体。贯入部分采用乳化沥青时应待其破乳、水分蒸发且成型稳定后方可铺筑拌和层，当拌和层与贯入部分不能连续施工，且要在短期内通行施工车辆时贯入层部分的第二遍嵌缝料应增加用量 2~3m³/1000m²，在摊铺拌和层沥青混合料前，应做补充碾压，并浇洒粘层沥青。

第四章 水泥混凝土面层施工建设

第一节 概述

一、材料要求

在道路工程中，修筑路面用的混凝土材料比其他结构物所用混合料要有更高的要求，因为它受动荷载的冲击、摩擦和反复弯曲作用，同时还受温度和湿度反复变化的影响。面层混凝土混合料必须具有较高的弯拉强度和耐磨性、良好的耐冻性以及尽可能低的膨胀系数和弹性模量。此外，湿混合料还应具有适当的施工和易性，一般规定其坍落度为0~30mm，工作度约30s。在施工时应力求混凝土强度满足设计要求，通常要求面层混凝土28d抗弯拉强度达到4.0~5.0MPa，28d抗压强度达到30~35MPa。

水泥混凝土路面材料主要有水泥、粗集料、细集料、水、外加剂等。为保证混合料拌制质量及混凝土路面的使用品质，应对混凝土的组成材料提出一定的要求。

1. 水泥

特重、重交通路面宜采用旋窑道路硅酸盐水泥，也可采用旋窑硅酸盐水泥或普通硅酸盐水泥；中、轻交通的路面可采用矿渣硅酸盐水泥；低温天气施工或有快通要求的路段可采用R型水泥，此外宜采用普通型水泥。各交通等级路面水泥抗折强度、抗压强度应满足《公路水泥混凝土路面施工技术规范》（JTG F30—2003）的规定。

各交通等级路面所使用水泥的化学成分、物理性能等路用品质要求应符合有关规定。当采用机械化铺筑路面时，宜选用散装水泥。

2. 粗集料

粗集料应使用质地坚硬、耐久、洁净的碎石、碎卵石和卵石，其技术指标应满足《公路水泥混凝土路面施工技术规范》（JTG F30—2003）的规定，宜选用火成岩或未风化的沉积岩碎石。

高速公路、一级公路、二级公路及有抗（盐）冻要求的三、四级公路混凝土路面使用的粗集料级别应不低于Ⅱ级，无抗（盐）冻要求的三、四级公路混凝土路面可使用Ⅲ级粗集料。有抗（盐）冻要求时，Ⅰ级集料吸水率不应大于1.0%，Ⅱ级集料吸水率不应大于2.0%。

路面混凝土的粗集料不得使用不分级的统料，应按最大公称粒径的不同采用2~4个粒级的集料进行掺配，并应符合《公路水泥混凝土路面施工技术规范》（JTG F30—2003）中粗集料级配范围的规定要求。卵石最大公称粒径不宜大于 19.0mm，碎卵石最大公称粒径不宜大于 26.5mm，碎石最大公称粒径不宜大于 31.5mm，碎卵石或碎石中粒径小于75μm 的石粉含量不宜大于 1%。

3. 细集料

细集料应采用质地坚硬、耐久、洁净的天然沙、机制沙或混合沙，要求颗粒坚硬耐磨，具有良好的级配，表面粗糙有棱角，有害杂质含量少。

高速公路、一级公路、二级公路及有抗（盐）冻要求的三、四级公路混凝土路面使用的砂级别应不低于Ⅱ级，无抗（盐）冻要求的三、四级公路混凝土路面可使用Ⅲ级沙。特重交通，重交通混凝土路面宜采用河沙，沙的硅含量不应低于 25%。

路面混凝土用天然砂宜为中沙，也可使用细度模数在 2.0~3.5 之间的沙。同一配合比用沙的细度模数变化范围不应超过 0.3，否则，应分别堆放，并调整配合比中的沙率后使用。路面混凝土用机制沙还应检验砂浆磨光值，其值宜大于 35%，不宜使用抗磨性较差的泥岩、页岩、板岩等水成岩类母岩品种生产机制沙。配制机制沙混凝土应同时掺引气高效减水剂。

细集料的技术指标与级配范围要求应满足《公路水泥混凝土路面施工技术规范》（JTGF30—2003）的规定。

4. 水

饮用水可直接作为混凝土搅拌和养护用水。对硫酸盐含量超过 0.0027mg/mm³、含盐量超过 0.005mg/mm³，pH 值小于 4 的酸性水和含有油污、泥和其他有害杂质的水，均不允许使用。

5. 外加剂

为提早开放交通，路面混凝土宜选用减水率大、坍落度损失小，可调控凝结时间的复合型减水剂。高温施工宜使用引气缓凝（保塑）（高效）减水剂，低温施工宜使用引气早强（高效）减水剂。

为了提高混凝土的和易性和抗冻性，可选用表面张力降低值大、水泥稀浆中起泡容量多而细密、泡沫稳定时间长、不溶渣少的产品。有抗（盐）冻要求的地区，各交通等级路面混凝土必须使用引气剂；无抗（盐）冻要求地区，二级及二级以上公路路面混凝土应使用引气剂。

在混凝土制备时掺加外加剂时，各外加剂产品的技术性能指标应满足《公路水泥混凝土路面施工技术规范》（JTG F30—2003）的规定。

6. 其他材料

路面混凝土中的粉煤灰掺合料、填缝材料、钢筋、钢纤维等，其技术指标应满足《公路水泥混凝土路面施工技术规范》（UTG F30—2003）的相关规定。

二、混凝土配合比设计

由于混凝土路面板厚设计计算是以混凝土的抗弯拉强度为依据，所以混凝土的配合比设计应根据设计弯拉强度、耐久性、耐磨性、和易性等要求和经济合理的原则选用原材料。通过计算、试验和必要的调整，确定混凝土单位体积中各种组成材料的用量，即设计配合比。再据现场浇筑混凝土的实际条件，如材料供应情况（级配、含水量等）、摊铺方法和机具、气候条件等，做适当调整后提出施工配合比。

这里仅介绍普通混凝土配合比设计的一般步骤，适用于滑模摊铺机、轨道摊铺机、三辊轴机组及小型机具四种施工方式。钢纤维混凝土、碾压混凝土、贫水泥混凝土的配合比设计方法参见《公路水泥混凝土路面施工技术规范》（JTG F30—2003）。

1. 普通混凝土路面的配合比应满足的技术要求

（1）弯拉强度

①各交通等级路面的28d设计弯拉强度标准值 f_r 应符合《公路水泥混凝土路面设计规范》（JTG D40—2003）的规定，根据交通等级不同，取4.0~5.0MPa。

②按式计算配制28d弯拉强度的均值。

$$f_c = \frac{f_r}{1-1.04c_v} + ts$$

式中：f_c 为配制28d弯拉强度的均值，MPa；f_r 为设计弯拉强度标准值，MPa；s 为弯拉强度试验样本的标准差，MPa；t 为保证率系数；C_v 为弯拉强度变异系数，应按统计数据的规定范围内取值；无统计数据时，弯拉强度变异系数应按设计取值；如果施工配制弯拉强度超出设计给定的弯拉强度变异系数上限，则必须改进机械装备和提高施工控制水平。

（2）工作性

①滑模摊铺机铺筑的新拌混凝土最佳工作性及允许范围应符合规定。

②轨道摊铺机、三辊轴机组、小型机具摊铺的路面混凝土坍落度及最大单位用水量。

（3）耐久性

①根据当地路面无抗冻性、有抗冻性或有抗盐冻性要求及混凝土最大公称粒径。

②各交通等级路面混凝土满足耐久性要求的最大水灰（胶）比和最小单位水泥用量应符合规定。

③严寒地区路面混凝土抗冻标号不宜小于F250，寒冷地区不宜小于F200。

④在海风、酸雨、除冰盐或硫酸等腐蚀环境影响范围内的混凝土路面和桥面，在使用硅酸盐水泥时，应掺加粉煤灰、磨细矿渣或硅灰掺合料，不宜单独使用硅酸盐水泥，可使用矿渣水泥或普通水泥。

（4）经济性

在满足上述三项技术要求的前提下，配合比应尽可能经济。各级公路混凝土路面最大水泥用量不宜大于400kg/m³；掺粉煤灰时，最大胶材总量不宜大于420kg/m³。

2. 外加剂的使用要求

（1）高温施工时，新拌混凝土的初凝时间不得小于 3h，否则应采取缓凝或保塑措施；低温施工时，终凝时间不得大于 10h，否则应采取必要的促凝或早强措施。

（2）外加剂的掺量应由混凝土试配试验确定。引气剂的适宜掺量可由搅拌机口的拌和物含气量进行控制。实际路面和桥面引气混凝土的抗冰冻、抗盐冻耐久性，宜用《公路水泥混凝土路面施工技术规范》（JTG F30—2003）规定的钻芯法测定。测定位置：路面为表面和表面下 50mm；桥面为表面和表面下 30mm；测得的上下两个表面的最大平均气泡间距系数不宜超过规定。

（3）引气剂与减水剂或高效减水剂等其他外加剂复配在同一水溶液中时，应保证其共溶性，防止外加剂溶液发生絮凝现象。如产生絮凝现象，应分别稀释、分别加入。

3. 配合比参数的计算与确定

（1）水灰（胶）比的计算和确定。

①根据粗集料的类型，水灰比可分别按下列统计公式计算：

碎石或碎卵石混凝土

$$\frac{W}{C} = \frac{1.5684}{f_c + 1.0097 - 0.3595 f_s}$$

卵石混凝土

$$\frac{W}{C} = \frac{1.2618}{f_c + 1.5492 - 0.4709 f_s}$$

式中：f_c 为水泥实测 28d 抗折强度，MPa。

②掺用粉煤灰时，应计入超量取代法中代替水泥的那一部分粉煤灰用量（代替砂的超量部分不计入），用水胶比 $\frac{W}{C+F}$ 后代替水灰比 $\frac{W}{C}$。

③应在满足弯拉强度计算值和耐久性两者要求的水灰（胶）比中取小值。

（2）砂率的选择。砂率应根据砂的细度模数和粗集料种类。在做抗滑槽时，砂率在标准基础上可增大 1%~2%。硬刻槽时，则不必增大砂率。

（3）计算单位用水量。由上述水灰比、砂率，根据粗料种类和适宜的坍落度 S_L，分别按下列经验式计算单位用水量（砂石料以自然风干状态计）：

$$W_0 = 104.97 + 0.309 S_L + 11.27 \frac{C}{W} + 0.61 S_P$$

卵石：

$$W_0 = 86.69 + 0.370 S_L + 11.24 \frac{C}{W} + 1.00 S_P$$

式中：W_0 为不掺外加剂与掺合料混凝土的单位用水量，kg/m³；S_L 为坍落度，mm；S_p 为砂率，%；$\frac{C}{W}$ 为灰水比，水灰比之倒数。

掺外加剂时应计入外加剂减水作用，其混凝土单位用水量应按下式计算：

$$W_{o\omega} = W_o(1 - \frac{\beta}{100})$$

式中：$W_{o\omega}$ 为掺外加剂混凝土的单位用水量，kg/m³；β 为所用外加剂剂量的实测减水率，%。单位用水量应取计算值和规定值两者中的小值。若实际单位用水量仅掺引气剂不满足所取数值，则应掺用引气（高效）减水剂，三、四级公路也可采用真空脱水工艺。

（4）确定单位水泥用量。单位水泥用量应由下式计算，并取计算值与规定值两者中的大值。

$$C_0 = (\frac{C}{W})W_0$$

式中：C_0 为单位水泥用量，kg/m³。

（5）确定砂石料用量。砂石料用量可按密度法或体积法计算。按密度法计算时，混凝土单位质量可取 2400~2450kg/m³；按体积法计算时，应计入设计含气量。采用超量取代法掺用粉煤灰时，超量部分应代替砂，并折减用砂量。经计算得到的配合比，应验算单位粗集料填充体积率，且不宜小于 70%。

需要注意的是，采用真空脱水工艺时，可采用比经验式计算值略大的单位用水量，但在真空脱水后，扣除每立方米混凝土实际吸除的水量，剩余单位用水量和剩余水灰（胶）比分别不宜超过要求最大单位用水量和最大水灰（胶）比的规定。

另外，路面混凝土掺用粉煤灰时，其配合比计算应按超量取代法进行。粉煤灰掺量应根据水泥中原有的掺合料数量和混凝土弯拉强度、耐磨性等要求由试验确定。Ⅰ、Ⅱ级粉煤灰的超量系数可按要求初选。代替水泥的粉煤灰掺量：Ⅰ型硅酸盐水泥宜 ≤30%；Ⅱ型硅酸盐水泥宜 ≤25%；道路水泥宜 ≤20%；普通水泥宜 ≤15%；矿渣水泥不得掺粉煤灰。

4.配合比确定与调整

由上述各经验公式推算得出的混凝土配合比，应在实验室内按下述步骤和《公路工程水泥混凝土试验规程》（JTJ053）规定方法进行试配检验和调整：

（1）首先检验各种新拌混凝土是否满足不同摊铺方式的最佳工作性要求。检验项目包括含气量、坍落度及其损失、振动黏度系数、改进 VC 值、外加剂品种及其最佳掺量。在工作性和含气量不满足相应摊铺方式要求时，可在保持水灰（胶）比不变的前提下调整单位用水量、外加剂掺量或砂率，不得减小满足计算弯拉强度及耐久性要求的单位水泥用量。

（2）对于采用密度法计算的配合比，应实测拌和物视密度，并应按视密度调整配合比，调整时水灰比不得增大，单位水泥用量、钢纤维掺量不得减少，调整后的拌和物视密度允许偏差为 ±2.0%。实测拌和物含气量及其偏差应满足规定，不满足要求时，应调整引气剂掺量直至达到规定含气量。

（3）以初选水灰（胶）比为中心，按 0.02 增减幅度选定 2~4 个水灰（胶）比，制作试件，检验各种混凝土 7d 和 28d 配制弯拉强度、抗压强度、耐久性等指标（有抗冻性要求的地区，抗冻性为必测项目，耐磨性及干缩为选测项目）。也可保持计算水灰（胶）比不变，以初选单位水泥用量为中心，按 15~20kg/m³ 增减幅度选定 2~4 个单位水泥用量。

（4）施工单位通过上述各项指标检验提出的配合比，在经监理或建设方中心实验室验证合格后，方可确定为实验室基准配合比。

实验室的基准配合比应通过搅拌楼实际拌和检验和不小于 200m 试验路段的验证，并应根据料场砂石料含水量、拌和物实测视密度、含气量、坍落度及其损失，调整单位用水量、砂率或外加剂掺量。调整时，水灰（胶）比、单位水泥用量不得减小。考虑施工中原材料含泥量、泥块含量、含水量变化和施工变异性等因素，单位水泥用量应适当增加 5~10kg。满足试拌试铺的工作性、28d（至少 7d）配制弯拉强度、抗压强度和耐久性等要求的配合比，经监理或建设方批准后方可确定为施工配合比。

施工期间配合比的微调与控制应符合下列要求：

①根据施工季节、气温和运距等的变化，可微调缓凝（高效）减水剂、引气剂或保塑剂的掺量，保持摊铺现场的坍落度始终适宜于铺筑，且波动最小。

②降雨后，应根据每天不同时间的气温及砂石料实际含水量变化，微调加水量，同时微调砂石料称量，其他配合比参数不得变更，维持施工配合比基本不变。雨天或砂石料变化时应加强控制，保持现场拌和物工作性始终适宜摊铺和稳定。

三、施工准备

1. 施工机械选择

根据公路等级的不同，混凝土路面的施工宜符合规定的机械装备要求。

2. 施工组织

（1）开工前，建设单位应组织设计、施工、监理单位进行技术交底。

（2）施工单位应根据设计图纸、合同文件、摊铺方式、机械设备、施工条件等确定混凝土路面施工工艺流程、施工方案，进行详细的施工组织设计。

（3）开工前，施工单位应对施工、试验、机械、管理等岗位的技术人员和各工种技术工人进行培训。未经培训的人员不得单独上岗操作。

（4）施工单位应根据设计文件，测量校核平面和高程控制桩，复测和恢复路面中心、边缘全部基本标桩，测量精确度应满足相应规范的规定。

（5）施工工地应建立具备相应资质的现场试验室，能够对原材料、配合比和路面质量进行检测和控制，提供符合交工检验、竣工验收和计量支付要求的自检结果。

（6）各种桥涵、通道等构筑物应提前建成，确有困难不能通行时，应有施工便道。施工时应确保运送混凝土的道路基本平整、畅通，不得延误运输时间。施工中的交通运输应配备专人进行管制，保证施工有序、安全进行。

（7）摊铺现场和搅拌场之间应建立快速有效的通信联络，及时进行生产调度和指挥。

3.搅拌场设置

（1）搅拌场宜设置在摊铺路段的中间位置。搅拌场内部布置应满足原材料储运，混凝土运输、供水、供电、钢筋加工等使用要求，并尽量紧凑，减少占地。

（2）搅拌场应保障搅拌、清洗、养生用水的供应，并保证水质。供水量不足时，搅拌场应设置与日搅拌量相适应的蓄水池。

（3）搅拌场应保证充足的电力供应。电力总容量应满足全部施工用电设备、夜间施工照明及生活用电的需要。

（4）应确保摊铺机械、运输车辆及发电机等动力设备的燃料供应，离加油站较远的工地宜设置油料储备库。

（5）水泥、粉煤灰储存和供应要求。每台搅拌楼应至少配备2个水泥罐仓，如掺粉煤灰还应至少配备1个粉煤灰罐仓。当水泥的日用量很大、需要两家以上的水泥厂供应水泥时，不同厂家的水泥，应清仓再灌，并分罐存放。严禁粉煤灰与水泥混罐。

应确保施工期间的水泥和粉煤灰供应。供应不足或运距较远时，应储备和使用袋包装水泥或袋装粉煤灰，并准备水泥仓库、拆包及输送入罐设备。水泥仓库应覆盖或设置顶篷防雨，并应设置在地势较高处，严禁水泥、粉煤灰受潮或浸水。

（6）砂石料储备。施工前，宜储备正常施工10~15d的砂石料。

砂石料场应建在排水通畅的位置，其底部应做硬化处理。不同规格的砂石料之间应有隔离设施，并设标识牌，严禁混杂。

在低温天、雨天、大风天及日照强烈的条件下，应在砂石料堆上部架设顶篷或覆盖，覆盖砂石料数量不宜少于正常施工一周的用量。

（7）原材料与混凝土运输车辆不应相互干扰。搅拌楼下宜采用厚度不薄于200mm的混凝土铺装层，并应设置污水排放管沟、积水坑或清洗搅拌楼的废水处理回收设备。

4.摊铺前材料与设备检查

（1）在施工准备阶段，应依据混凝土路面设计要求、工程规模，对当地及周边的水泥、钢材、粉煤灰、外加剂、砂石料、水资源、电力、运输等状况进行实地调研，确认符合铺筑混凝土路面的原材料质量、品种、规格、原材料的供应量、供应强度和供给方式、运距等。通过调研优选，初步选择原材料供应商。

（2）开工前，工地实验室应对计划使用的原材料进行质量检验和混凝土配合比优选，监理应对原材料抽检和配合比试验验证，报请业主正式审批。

（3）应根据路面施工进度安排，保证及时地供应符合原材料技术指标规定的各种原材料，不合格的原材料不得进场。所有原材料进出场应进行称量、登记、保管或签发。

（4）应将相同料源、规格、品种的原材料作为一批，分批量检验和储存。原材料的检验项目和批量应符合规定。

（5）施工前必须对机械设备、测量仪器、基准线或模板、机具工具及各种试验仪器等进行全面地检查、调试、校核、标定、维修和保养。主要施工机械的易损零部件应有适量储备。

5. 路基、基层和封层的检测与修整

（1）路基应稳定、密实、均质，对路面结构提供均匀的支承。对桥头、软基、高填方、填挖方交界等处的路基段，应进行连续沉降观测，并采取切实有效的措施保证路基的稳定。

（2）垫层、基层除应符合《公路水泥混凝土路面设计规范》（JTG D40—2002）和《公路路面基层施工技术规范》（JTJ034—2000）的规定外，尚应符合下列技术要求：（上）基层纵、横坡一般可与面层一致，但横坡可略大 0.15%~0.20%，并不得小于路面横坡；硬路肩厚度薄于面板时，应设排水基层或排水盲沟。缘石和软路肩底部应有渗透排水措施；面层铺筑前，宜至少提供足够机械连续施工 10d 以上的合格基层。

（3）面板铺筑前，应对基层进行全面的破损检查，当基层产生纵、横向断裂、隆起或碾坏时，应采取下述有效措施彻底修复：

①所有挤碎、隆起、空鼓的基层应清除，并使用相同的基层料重铺，同时设胀缝板横向隔开，胀缝板应与路面胀缝或缩缝上下对齐。

②当基层产生非扩展性温缩、干缩裂缝时，应灌沥青密封防水，还应在裂缝上粘贴油毡、土工布或土工织物，其覆盖宽度不应小于 1000mm；距裂缝最窄处不得小于 300mm。

③当基层产生纵向扩展裂缝时，应分析原因，采取有效的路基稳固措施根治裂缝，且宜在纵向裂缝所在的整个面板内，距板底 1/3 高度增设补强钢筋网，补强钢筋网到裂缝端部不宜短于 5m。

④基层被碾坏成坑或破损面积较小的部位，应挖除并采用贫混凝土局部修复。对表面严重磨损裸露相集料的部位，宜采用沥青封层处理。

（4）在高速公路和一级公路的半刚性上基层表面，宜喷洒热沥青和石屑（2~3m³/100m²）做滑动封层，或做乳化沥青稀浆封层。沥青封层或乳化沥青稀浆封层的厚度不宜小于 5mm。

（5）在各交通等级有可能被水淹没浸泡路面的路段，可采用较厚的坚韧塑料薄膜或密闭土工膜覆盖基层防水。

（6）当封层出现局部损坏时，摊铺前应采用相同的封层材料进行修补，经质量检验合格，并由监理签认后，方可铺筑水泥混凝土面层。

第二节　混凝土的搅拌和运输

施工前的准备工作完成以后，根据试验室确定的配合比，开始对混凝土进行拌和，并将其运送到施工现场。在此之前要做好搅拌设备的选择、拌和过程中的质量控制、运输设备数量和运输过程的技术要求等工作。

完成各项施工准备工作后，先进行开工申请，得到批准后，即可进行水泥混凝土路面正式施工。

一、搅拌设备

1.搅拌场的拌和能力配置

搅拌场生产能力与容量必须与路面上的机械铺筑能力匹配，密切配合，形成具有计划摊铺能力的系统。

（1）总拌和生产能力。采用滑模、轨道、碾压、三辊轴机组摊铺时，搅拌场配置混凝土总拌和生产能力可按下式计算，并按总拌和能力确定所要求的搅拌楼数量和型号。

$$M=60\mu bhV_t$$

式中：M 为搅拌楼总拌和能力，m³/h；b 为摊铺宽速度，m；V_t 为摊铺速度，m/min，（≥1m/min）；h 为面板厚度，m；μ 为搅拌楼可靠性系数，1.2~1.5。

μ 根据下述具体情况确定：搅拌楼可靠性高，μ 可取较小值；反之，μ 取较大值；拌和钢纤维混凝土时，μ 应取较大值；坍落度要求较低者，μ 应取较大值。

（2）拌和容量配套。不同摊铺方式所要求的搅拌楼最小生产容量应满足要求。

一般可配备 2~3 台搅拌楼，最多不宜超过 4 台。搅拌楼的规格和品牌应尽可能统一。

2.搅拌楼的配备

每台搅拌楼应配备齐全自动供料、称量、计量、砂石料含水率反馈控制、有外加剂加入装置和计算机控制自动配料操作系统设备和打印设备。每台搅拌楼还应配齐生产所必需的外置设备：3~4 个砂石料仓；1~2 个外加剂池；3~4 个水泥及粉煤灰罐仓。使用袋装水泥时应配备拆包和水泥输送设备。

应优先选配间歇式搅拌楼，也可使用连续式搅拌楼。搅拌场应配备适量装载机或推土机供应砂石料。

二、拌和技术要求

1.配料精确度控制方法

每台搅拌楼在投入生产前，必须进行标定和试拌。在标定有效期满或搅拌楼搬迁安装后，均应重新标定。施工中应每 15d 校验一次搅拌楼计量精确度。搅拌楼配料计量偏差不得超过规定。不满足时，应分析原因，排除故障，确保拌和计量精确度。采用计算机自动控制系统的搅拌楼时，应使用自动配料生产，并按需要打印每天（周、旬、月）对应路面摊铺桩号的混凝土配料统计数据及偏差。

2.拌和时间

应根据拌和物的粘聚性、均质性及强度稳定性试拌确定最佳拌和时间。一般情况下，单立轴式搅拌机总拌和时间宜为 80~120s，全部原材料到齐后的最短纯拌和时间不宜短于 40s；行星立轴和双卧轴式搅拌机总拌和时间为 60~90s，最短纯拌和时间不宜短于 35s；

连续双卧轴搅拌楼的最短拌和时间不宜短于40s。最长总拌和时间不应超过高限值的2倍。

3. 砂石料要求

混凝土拌和过程中，不得使用沥水、夹冰雪、表面沾染尘土和局部暴晒过热的砂石料。

4. 外加剂的使用

外加剂应以稀释溶液加入，其稀释用水原液中的水量，应从拌和加水量中扣除。使用间歇搅拌楼时，外加剂溶液浓度应根据外加剂掺量、每盘外加剂溶液筒的容量和水泥用量计算得出。连续式搅拌楼应按流量比例控制加入外加剂。加入搅拌锅的外加剂溶液应充分溶解，并搅拌均匀。有沉淀的外加剂溶液，应每天清除一次稀释池中的沉淀物。

5. 引气混凝土拌和

为提高路面混凝土的弯拉强度和耐久性，所有水泥混凝土路面都应使用引气剂，制成引气混凝土，并应按引气混凝土的拌和要求进行搅拌。

拌和物的含气量是在拌和过程中从空气中裹挟进去的，如果搅拌锅是满的或密封的，没有给出空间让空气进入，即使掺用引气剂，也裹挟不进空气，达不到要求的含气量。因此，搅拌楼一次拌和量不应大于其额定搅拌量的90%，纯拌和时间应控制在含气量最大或较大时。

6. 粉煤灰混凝土拌和

粉煤灰或其他掺合料应采用与水泥相同的输送、计量方式加入。粉煤灰混凝土的纯拌和时间应比不掺时延长10~15s。当同时掺用引气剂时，宜通过试验适当增大引气剂掺量，以达到规定含气量。

7. 拌和物质量检验与控制

（1）检查项目和检查频率。搅拌过程中，拌和物质量检验与控制应符合规定。低温或高温天气施工时，拌和物出料温度宜控制在10℃~35℃，并应测定原材料温度、拌和物的温度、坍落度损失率和凝结时间等。

（2）匀质性和稳定性要求。拌和物应均匀一致，有生料、干料、离析或外加剂、粉煤灰成团现象的非均质拌和物严禁用于路面摊铺。

台搅拌楼的每盘之间，各搅拌楼之间，拌和物的坍落度最大允许偏差为±10mm，拌和坍落度应为最适宜摊铺的坍落度值与当时气温下运输坍落度损失值两者之和。

三、运输技术要求

1. 总运力要求

总运力要求，即应根据施工进度、运量、运距及路况，选配车型和车辆总数。总运力应比总拌和能力略有富余。确保新拌混凝土在规定时间内运到摊铺现场。

2. 运输时间

运输到现场的拌和物必须具有适宜摊铺的工作性。不同摊铺工艺的新拌混凝土从搅拌机出料到运输、铺筑完毕的允许最长时间应符合规定。不满足时应通过试验，加大缓凝剂或保塑剂的剂量。

3.新拌混凝土运输注意事项

（1）运输混凝土的车辆装料前，应清洁车厢（罐），洒水润壁，排干积水。装料时，自卸车应挪动车位，防止离析。搅拌楼卸料落差不应大于2m。

（2）混凝土运输过程中应防止漏浆、漏料和污染路面，途中不得随意耽搁。自卸车运输应减小颠簸，防止拌和物离析。车辆起步和停车应平稳。

（3）超过规定摊铺允许最长时间的混凝土不得用于路面摊铺。混凝土一旦在车内停留超过初凝时间，应采取紧急措施处置，严禁混凝土硬化在车厢（罐）内。

（4）烈日、大风、雨天和低温天远距离运输时，自卸车应遮盖混凝土，罐车宜加保温隔热套。

（5）使用自卸车运输混凝土最远运输半径不宜超过20km。

（6）运输车辆在模板或导线区调头或错车时，严禁碰撞模板或基准线，一旦碰撞，应告知测量人员重新测量纠偏。

（7）车辆倒车及卸料时，应有专人指挥。卸料应到位，严禁碰撞摊铺机和前场施工设备及测量仪器。卸料完毕，车辆应迅速离开。

（8）碾压混凝土卸料时，车辆应在前一辆车离开后立即倒向摊铺机，并在机前10~30cm处停住，不得撞击摊铺机械，然后换成空挡，并迅速升起料斗卸料，靠摊铺机推动前进。

第三节　混凝土面层铺筑建设技术

目前，水泥混凝土面层常用的施工方法主要有滑模摊铺机施工、三辊轴机组施工以及小型机具施工等，其施工程序一般为模板安装、传力杆设置、混凝土的搅拌和运输、混凝土的摊铺与振捣、接缝制作、抹面和拆模、混凝土的养生与填缝。其中三辊轴机组和小型机具两种是固定模板施工水泥路面，而滑模摊铺机施工取消侧模，两侧设置有随机移动的固定滑模施工水泥路面。

混凝土面层是由一定厚度的混凝土板组成，它具有热胀冷缩的性质。由于一年四季气温的变化，混凝土板会产生不同程度的膨胀和收缩。而在一昼夜中，白天气温升高，混凝土板顶面温度较底面为高，这种温度坡差会形成板的中部隆起的趋势。夜间气温降低，板顶面温度较底面为低，会使板的周边和角隅发生翘起的趋势。由于翘曲面引起裂缝，在裂缝发生后被分割的两块板体尚不致完全分离，倘若板体温度均匀下降引起收缩，则将使两块板体被拉开，从而失去荷载传递作用。为避免这些缺陷，混凝土路面不得不在纵横两个方向设置许多接缝，把整个路面分割成许多板块。

为了满足混凝土路面的行车要求，要求面层有一定的构造深度，所以水泥混凝土路面要进行抗滑构造的制作。同时使混凝土达到要求的设计强度，必须对混凝土进行养生。

一、滑模机械摊铺施工技术要点

1. 机械配备

（1）滑模摊铺机选型。高速公路、一级公路施工，宜选配能一次摊铺 2~3 个车道宽度（7.5~12.5m）的滑模摊铺机；二级及二级以下公路路面的最小摊铺宽度不得小于单车道设计宽度。硬路肩的摊铺宜选配中、小型多功能滑模摊铺机，并宜连体一次摊铺路缘石。

（2）布料设备选择。滑模摊辅路面时，可配备 1 台挖掘机或装载机辅助布料。采用前置钢筋支架法设置缩缝传力杆的路面、钢筋混凝土路面、桥面和桥头搭板时，应选配下列适宜的布料机械：

①侧向上料的布料机。

②侧向上料的供料机。

③带侧向上料机构的滑模摊铺机。

④挖掘机加料斗侧向供料。

⑤吊车加短便桥钢凳，车辆直接卸料。

⑥吊车加料斗起吊布料。

（3）抗滑构造施工机械。可采用拉毛养生机或人工软拉槽制作抗滑沟槽。工程规模大、日摊铺进度快时，宜采用拉毛养生机。高速公路、一级公路宜采用刻槽机进行硬刻槽，其刻槽作业宽度不宜小于 500mm，所配备的硬刻槽机数量及刻槽能力应与滑模摊铺进度相匹配。

（4）切缝机械。滑模摊铺混凝土路面的切缝，可使用软锯缝机、支架式硬锯缝机和普通锯缝机。配备的锯缝机及切缝能力应与滑模摊铺进度相适应。

（5）滑模摊铺系统机械配套。滑模摊铺系统机械配套宜符合要求。选配机械设备的关键：一是按工艺要求配齐全，缺一不可；二是生产稳定可靠，故障率低。

2. 基准线设置

（1）为保证路面施工的平整度，滑模摊铺混凝土路面的施工应设置基准线。基准线设置形式有单向坡双线式、单向坡单线式和双向坡双线式三种。单向坡单线式基准线必须在另一侧具备适宜的基准，路面横向连接摊铺，其横坡应与已铺路面一致。双向坡双线式的两根基准线直线段应平行，且间距相等，并对应路面高程，路拱靠滑模摊铺机调整自动铺成。滑模摊铺机应具备 2 侧 4 个水平传感器和 1 侧 2 个方向传感器，沿基准线滑行，摊铺出路面所要求的方向、平面、高程、横坡、板厚、弯道等。

（2）基准线宽度除应保证摊铺宽度外，尚应满足两侧 650~000m 横向支距的要求。

（3）基准线桩纵向间距：直线段不应大于 10m，竖曲线、平曲线路段视曲线半径大小应加密布置，最小 2.5m。

（4）基准线材料应使用 3~5mm 的钢绞线，总长度不少于 3000m，并应配有必要的基准线安装器具（紧线器、固定扳手、大锤及测量仪器）。

（5）单根基准线的最大长度不宜大于 450m，基准线拉力不应小于 1000N。

（6）基准线桩宜使用直径 12mm 的圆钢筋，总高度宜为 120cm，一端打尖，每根桩应配备一个架臂扣和一个夹线臂。架臂扣在基准线桩上可上下移动并固定，并使夹线臂可左右移动并固定，基准线桩具不少于 300 套。线桩固定时，基层顶面到夹线臂的高度宜为 450~750mm，基准线桩夹线臂夹口到桩的水平距离宜为 300mm，基准线桩应钉牢固。

（7）基准线设置后，严禁扰动、碰撞和振动。一旦碰撞变位，应立即重新测量纠正。多风季节施工，应缩小基准线桩间距。

3. 摊铺准备

（1）所有施工设备和机具均应处于良好状态，并全部就位。

（2）基层、封层表面及履带行走部位应清扫干净。摊铺面板位置应洒水湿润，但不得积水。

（3）横向连接摊铺时，前次摊铺路面纵缝的溜肩胀宽部位应切割顺直。侧边拉杆应校正扳直，缺少的拉杆应钻孔锚固植入。纵向施工缝的上半部缝壁应满涂沥青。

4. 布料要求

（1）滑模摊铺机前的正常料位高度应在螺旋布料器叶片最高点以下，亦不得缺料。卸料、布料应与摊铺速度相协调。

（2）当坍落度在 10~50mm 时，布料松铺系数宜控制在 1.08~1.15 之间。布料机与滑模摊铺机之间施工距离宜控制在 5~10m。

（3）摊铺钢筋混凝土路面、桥面或搭板时，严禁任何机械开上钢筋网。

5. 滑模摊铺机的施工参数设定及校准

（1）振捣棒下缘位置应在挤压板最低点上，振捣棒的横向间距不宜大于 450mm，均匀排列；两侧最边缘振捣棒与摊铺边沿距离不宜大于 250mm。

（2）挤压底板前倾角宜设置为 3° 左右，提浆夯板位置宜在挤压底板前缘以下 5~10mm 之间。

（3）两边缘超铺高程根据拌和物稠度宜在 3~8mm 间调整。搓平梁前沿宜调整到与挤压板后沿高程相同，搓平梁的后沿比挤压底板后沿低 1~2mm，并与路面高程相同。

（4）滑模摊铺机首次摊铺路面，应挂线对其铺筑位置、几何参数和机架水平度进行调整和校准，正确无误后，方可开始摊铺。

（5）在开始摊铺的 5m 内，应在铺筑行进中对摊铺出的路面标高、边缘厚度、中线、横坡度等参数进行复核测量，所摊铺的路面精确度应控制在规定值范围内。

6. 铺筑作业技术要领

（1）摊铺速度控制。操作滑模摊铺机应缓慢、匀速、连续不间断地作业。严禁料多追赶，然后随意停机等待，间歇摊铺。摊铺速度应根据拌和物稠度、供料多少和设备性能控制在

0.5~3.0m/min 之间，一般宜控制在 1m/min 左右。拌和物稠度发生变化时，应先调振捣频率，后改变摊铺速度。

（2）松方控制板调整。应随时调整松方高度板控制进料位置，开始时宜略高些，以保证进料。正常摊铺时应保持振捣仓内料位高于振捣棒 100mm 左右，料位高低上下波动宜控制在 ±30mm 之内。

（3）振捣频率控制。正常摊铺时，振捣频率可在 6000~1000r/min 之间调整，宜采用 9000r/min 左右。应防止混凝土过振、欠振或漏振；应根据混凝土的稠度大小，随时调整摊铺的振捣频率或速度。摊铺机起步时，应先开启振捣棒振捣 2~3min，再缓慢平稳推进。摊铺机脱离混凝土后，应立即关闭振捣棒组。

（4）纵坡施工。滑模摊铺机满负荷时可铺筑的路面最大纵坡为上坡 5%、下坡 6%。上坡时，挤压底板前仰角宜适当缩小，并适当调轻抹平板压力；下坡时，前仰角宜适当调大，并适当调大抹平板压力。板底不小于 3/4 长度接触路表面时抹平板压力适宜。

（5）弯道施工。滑模摊铺机施工的最小弯道半径不应小于 50m；最大超高横坡不宜大于 7%。滑模摊铺弯道和渐变段路面时，在单向横坡段，使滑模摊铺机跟线摊铺，并随时观察和调整抹平板内外侧的抹面距离，防止压垮边缘。摊铺中央路拱时，在计算机控制下输入弯道和渐变段边缘及拱中几何参数，计算机自动控制生成路拱；手控条件下，机手应根据路拱消失和生成几何位置，在给定路段范围内分级逐渐消除和生成路拱。进出渐变段时，保证路拱的生成和消失，保证弯道和渐变段路面几何尺寸的正确性。

（6）插入拉杆。单车道摊铺时，应视路面设计要求配置：一侧或双侧打纵缝拉杆的机械装置。侧向打拉杆装置的正确插入位置应在挤压底板的下中间或偏后部，分手推、液压、气压等几种方式。两个以上车道摊铺时，除侧向打拉杆的装置外，还应在假纵缝位置配置拉杆自动插入装置，该装置有机前插和机后插两种配置。前插时，应保证拉杆的设置位置；后插时，要消除插入上部混凝土的破损缺陷，应有振动搓平梁或局部振动板来保证修复插入缺陷，保证其插入部位混凝土的密实度。带振动搓平梁和振动修复板的滑模摊铺机应选择机后插入式，其他滑模摊铺机可选择机前插入式。打入的拉杆必须处在路面板厚中间位置，中间和侧向拉杆打入的高低误差均不得大于 ±2cm，前后误差不得大于 ±3cm。

（7）抹面控制。应随时观察所摊铺的路面效果，注意调整和控制摊铺速度、振捣频率、夯实杆、振动搓平梁和抹平板位置、速度和频率。随时关注抹面施工效果。软拉抗滑构造时表面砂浆层厚度宜控制在 4mm 左右，硬刻槽路面的砂浆表层厚度宜控制在 2~3mm。

（8）连续摊铺要求。养护 5~7d 后，方允许摊铺相邻车道。

7. 问题处置

（1）摊铺过程中应经常检查振捣棒的工作情况和位置。路面出现麻面或拉裂现象时，必须停机检查或更换振捣棒。摊铺后，路面上出现发亮的砂浆条带时，必须调高振捣棒位置，使其底缘在挤压底板的后缘高度以上。

（2）摊铺宽度大于 7.5m 时，若左右两侧拌和稠度不一致，摊铺速度应按偏干一侧设置，并应将偏稀一侧的振捣棒频率迅速调小。

（3）应通过调整拌和物稠度、停机待料时间、挤压底板前仰角、起步及摊铺速度等措施控制和消除横向拉裂现象。

（4）摊铺中的滑模摊铺机等料最长时间超过当时气温下混凝土初凝时间的 4/5 时，应将滑模摊铺机迅速开出摊铺工作面，并做施工缝。

8. 滑模摊铺路面修整

滑模摊铺过程中应采用自动抹平板装置进行抹面。对少量局部麻面和明显缺料部位，应在挤压板后或搓平梁前补充适量拌和物，由搓平梁或抹平板机械修整。滑模摊铺的混凝土面板在下列情况下，可用人工进行局部修整。

（1）用人工操作抹面抄平器，精整摊铺后表面的小缺陷，但不得在整个表面加薄层修补路面标高。

（2）对纵缝边缘出现的倒边、塌边、溜肩现象，应顶侧模或在上部支方铝管进行边缘补料修整。

（3）起步和纵向施工接头处，应采用水准仪抄平并采用大于 3m 的靠尺边测边修整。

9. 其他事项

滑模摊铺结束后，必须及时清洗滑模摊铺机，进行当日保养。宜在第二天硬切横向施工缝，也可当天软作施工横缝。应丢弃端部的混凝土和摊铺机振动仓内遗留下的纯砂浆，两侧模板应向内各收进 20~40mm，收口长度宜比滑模摊铺机侧模板略长。施工缝部位应设置传力杆，并应满足路面平整度、高程、横坡和板长要求。

二、三辊轴机组施工技术要点

1. 设备选择与配套

三辊轴整平机的主要技术参数应符合规定：板厚 200mm 以上宜采用直径 168mm 的辊轴；桥面铺装或厚度较小的路面可采用直径为 219mm 的辊轴。轴长宜比路面宽度长出 600~1200mm。振动轴的转速不宜大于 380r/min。

三辊轴机组铺筑混凝土面板时，必须同时配备一台安装插入式振捣棒组的排式振捣机，振捣棒的直径宜为 50~10m，间距不应大于其有效工作半径的 1.5 倍，并不大于 500mm。插入式振捣棒组的振动频率可在 50~200Hz 之间选择，当面板厚度较大和坍落度较低时，宜使用 100Hz 以上的高频振捣棒。该机宜同时配备螺旋布料器和松方控制刮板，并具备自动行走功能。

当一次摊铺双车道路面时应配备纵缝拉杆插入机，并配有插入深度控制和拉杆间距调整装置。其他施工辅助配套设备可根据情况选配。

2. 工艺流程

布料→密集排振→拉杆安装→人工补料→三辊轴整平→（真空脱水）→（精平饰面）→拉毛→切缝→养生→（硬刻槽）→填缝。

3. 铺筑作业技术要求

（1）布料。应有专人指挥车辆均匀卸料。布料应与摊铺速度相适应，不适应时应配备适当的布料机械。坍落度为 10~40mm 的拌和物，松铺系数为 1.12~1.25。坍落度大时取低值，坍落度小时取高值。超高路段，横坡高侧取高值，横坡底侧取低值。

（2）振捣控制。新拌混凝土布料长度大于 10m 时，可开始振捣作业。密排振捣棒组间歇插入振实时，每次移动距离不宜超过振捣棒有效作用半径的 1.5 倍，并不得大于 500mm，振捣时间宜为 15~30s。排式振捣机连续拖行振实时，作业速度宜控制在 4m/min 以内。具体作业速度视振实效果，可由下式计算：

$$R = 1.5 \frac{R}{t}$$

式中：V 为排式振捣机作业速度，m/s；t 为振捣密实所需的时间，s，一般为 15~30s；R 为振捣棒的有效作用半径，m。

排式振捣机应匀速缓慢、连续不断地振捣行进，其作业速度以拌和物表面不露粗集料、液化表面不再冒气泡并泛出水泥浆为准。

（3）安装纵缝拉杆。面板振实后，应随即安装纵缝拉杆。单车道摊铺的混凝土路面，在侧模预留孔中应按设计要求插入拉杆；一次摊铺双车道路面时，除应在侧模孔中插入拉杆外，还应在中间纵缝部位使用拉杆插入机在 1/2 板厚处插入拉杆，插入机每次移动的距离应与拉杆间距相同。

4. 三辊轴整平机作业

（1）作业长度。三辊轴整平机按作业单元分段整平，作业单元长度宜为 20~30m，振捣机振实与三辊轴整平两道工序之间的时间间隔不宜超过 15min。

（2）料位高差的控制。三辊轴滚压振实料位高差宜高于模板顶面 5~20mm，过高时应铲除，过低时应及时补料。三辊轴整平机在一个作业单元长度内，应采用前进振动、后退静滚方式作业，宜分别滚压 2~3 遍。最佳滚压遍数应经过试铺确定。在三辊轴整平机作业时，应有专人处理轴前料位的高低情况，过高时，应辅以人工铲除，轴下有间隙时，应使用混凝土找补。

（3）整平。滚压完成后，将振动辊轴抬离模板，用整平轴前后静滚整平，直到平整度符合要求、表面砂浆厚度均匀为止。表面砂浆厚度宜控制在（4±1）mm，三辊轴整平机前方表面过厚、过稀的砂浆必须刮除丢弃。应采用 3~5m 刮尺，在纵、横两个方向进行精平饰面，每个方向不少于两遍；也可采用旋转抹面机密实精平饰面两遍。

三、小型机具铺筑施工技术要求

1. 小型机具的配套

小型机具性能应稳定可靠、操作简易、维修方便，机具配套应与工程规模、施工进度相适应。选配的成套机械、机具应符合要求。

2. 摊铺、振实与整平

（1）摊铺。新拌混凝土摊铺前，应对模板的位置及支撑稳固情况，传力杆、拉杆的安设等进行全面检查。修复破损基层，并洒水润湿。用厚度标尺板全面检测板厚与设计值相符，方可开始摊铺。

专人指挥自卸车，尽量准确卸料。人工布料应用铁锹反扣，严禁抛掷和搂耙。人工摊铺新拌混凝土的坍落度应控制在5~20mm之间，拌和物松铺系数K宜控制在1.10~1.25之间。料偏干，取较高值；反之，取较低值。

因故造成1h以上停工或达到2/3初凝时间，致使拌和物无法振实时，应在已铺筑好的面板端头设置施工缝，废弃不能被振实的拌和物。

（2）振实。

①插入式振捣棒振实。在待振横断面上，每车道路面应使用2根振捣棒，组成横向振捣棒组，沿横断面连续振捣密实，并应注意路面板底、内部和边角处不得欠振或漏振。振捣棒在每一处的持续时间，应以拌和物全面振动液化，表面不再冒气泡和泛水泥浆为限，不宜过振，也不宜少于30s。振捣棒的移动间距不宜大于500mm；至模板边缘的距离不宜大于200mm。应避免碰撞模板、钢筋、传力杆和拉杆。振捣棒插入深度宜离基层30~50mm，振捣棒应轻插慢提，不得猛插快拔，严禁在拌和物中推行和拖拉振捣棒振捣。振捣时，应辅以人工补料，应随时检查振实效果、模板、拉杆、传力杆和钢筋网的移位、变形、松动、漏浆等情况，并及时纠正。

②振动板振实。在振捣棒已完成振实的部位，可开始振动板纵横交错两遍全面提浆振实，每车道路面应配备1块振动板。振动板移位时，应重叠100~200mm，振动板在一个位置的持续振捣时间不应少于15s。振动板需由两人提拉振捣和移位，不得自由放置或长时间持续振动。移位控制以振动板底部和边缘泛浆厚度（3±1）mm为限。

③振动梁振实。每车道路面宜使用1根振动梁。振动梁应具有足够的刚度和质量，底部应焊接或安装深度4mm左右的粗集料压实齿，保证（4±1）mm的表面砂浆厚度。振动梁应垂直路面中线沿纵向拖行，往返2~3遍，使表面泛浆均匀平整。在振动梁拖振整平过程中，缺料处应使用新拌混凝土填补，不得用纯砂浆填补；料多的部位应铲除。

（3）整平饰面。每车道路面应配备1根滚杠（双车道两根）。振动梁振实后，应拖动滚杠往返2~3遍提浆整平。第一遍应短距离缓慢推滚或拖滚，以后应较长距离匀速拖滚，并将水泥浆始终赶在滚杠前方。多余水泥浆应铲除。

拖滚后的表面宜采用3m刮尺，纵横各1遍整平饰面，或采用叶片式或圆盘式抹面机往返2~3遍压实整平饰面。抹面机配备每车道路面不宜少于1台。

在抹面机完成作业后，应进行清边整缝，清除粘浆，修补缺边、掉角。应使用抹刀将抹面机留下的痕迹抹平，当烈日暴晒或风大时，应加快表面的修整速度，或在防雨篷遮阴下进行。精平饰面后的面板表面应无抹面印痕，致密均匀，无露骨，平整度应达到规定要求。

3. 真空脱水工艺要求

小型机具施工三、四级公路混凝土路面时，应优先采用在拌和物中掺外加剂。无掺外加剂条件时，应使用真空脱水工艺。该工艺适用于面板厚度不大于 240mm 混凝土面板施工。使用真空脱水工艺时，新拌混凝土的最大单位用水量可比不采用外加剂时增大 3~12kg/m3；拌和物适宜坍落度：高温天 30~50mm；低温天 20~30mm。

（1）真空脱水机具。真空度稳定，有自动脱水计量装置，有效抽速不小于 15L/s 的脱水机。真空度均匀，密封性能好，脱水效率高、操作简便、铺放容易、清洗方便的真空吸垫。每台真空脱水机应配备不少于 3 块吸垫。

（2）真空脱水作业。脱水前，应检查真空泵空载真空度不小于 0.08MPa，并检查吸管、吸垫连接后的密封性，同时应检查随机工具和修补材料是否齐备。

真空脱水后，应采用振动梁、滚杠或叶片、圆盘式抹面机重新压实精平 1~2 遍。

真空脱水整平后的路面，应采用硬刻槽方式制作抗滑构造。

真空脱水混凝土路面切缝时间可比规定时间适当提前。

第四节　特殊气候条件下混凝土路面建设技术

一、一般规定

1. 混凝土路面铺筑期间，应收集月、旬、日天气预报资料，遇有影响混凝土路面施工质量的天气时，应暂停施工或采取必要的防范措施，制订特殊气候的施工方案。

2. 混凝土路面施工如遇下述条件之一者，必须停工：

（1）现场降雨。

（2）风力大于 6 级，风速在 10.8m/s 以上的强风天气。

（3）现场气温高于 40℃或拌和物摊铺温度高于 35℃。

（4）摊铺现场连续 5 昼夜平均气温低于 5℃，夜间最低气温低于 -3℃。

二、雨季施工

1. 防雨准备

（1）地势低洼的搅拌场、水泥仓、备件库及砂石料堆场，应按汇水面积修建排水沟或预备抽排水设施。搅拌楼的水泥和粉煤灰罐仓顶部通气口、料斗及不得遇水部位应有防潮、防水覆盖措施，砂石料堆应防雨覆盖。

（2）雨天施工时，在新铺路面上，应备足防雨篷、帆布和塑料布或薄膜。

（3）防雨篷支架宜采用可推行的焊接钢结构，并具有人工饰面拉槽的足够高度。

2. 防雨水冲刷

摊铺中遭遇阵雨时，应立即停止铺筑混凝土路面，并紧急使用防雨篷、塑料布或塑料薄膜等覆盖尚未硬化的混凝土路面。

被阵雨轻微冲刷过的路面，视平整度和抗滑构造破坏情况，采用硬刻槽或先磨平再刻槽的方式处理。对被暴雨冲刷后，路面平整度严重劣化或损坏的部位，应尽早铲除重铺。降雨后开工前，应及时排除车辆内、搅拌场及砂石料堆场内的积水或淤泥。运输便道应排除积水，并进行必要的修整。摊铺前应扫除基层上的积水。

三、风天施工

风天应采用风速计在现场定量测风速或观测自然现象，确定风级，并按规定采取防止塑性收缩开裂的措施。

四、高温季节施工

1. 施工现场的气温高于 30℃，拌和物摊铺温度在 30℃~35℃，同时，空气相对湿度小于 80% 时，混凝土路面和桥面的施工应按高温季节施工的规定进行。

2. 高温天铺筑混凝土路面和桥面应采取下列措施：

（1）当现场气温 ≥30℃ 时，应避开中午高温时段施工，可选择在早晨、傍晚或夜间施工，夜间施工应有良好的操作照明，并确保施工安全。

（2）砂石料堆应设遮阳篷；抽用地下冷水或采用冰屑水拌和；拌和物中宜加允许最大掺量的粉煤灰或磨细矿渣，但不宜掺硅灰。拌和物中应掺足够剂量的缓凝剂、高温缓凝剂、保塑剂或缓凝（高效）减水剂等。

（3）自卸车上的新拌混凝土应加遮盖。

（4）应加快施工各环节的衔接，尽量压缩搅拌、运输、摊铺、饰面等各工艺环节所耗费的时间。

（5）可使用防雨篷做防晒遮阴棚。在每日气温最高和日照最强烈时段遮阴。

（6）高温天气施工时，新拌混凝土的出料温度不宜超过 35℃，并应随时监测气温、水泥、拌和水、拌和物及路面混凝土温度。必要时加测混凝土水化热。

（7）在采用覆盖保湿养生时，应加强洒水，并保持足够的湿度。

（8）切缝应视混凝土强度的增长情况或按 250 温度小时计，宜比常温施工适当提早切缝，以防止断板。特别是在夜间降温幅度较大或降雨时，应提早切缝。

五、低温季节施工

1. 当摊铺现场连续 5 昼夜平均气温高于 5℃，夜间最低气温在 -3℃~5℃ 之间，混凝土路面和桥面的施工应按下述低温季节施工规定的措施进行：

（1）拌和物中应优选和掺加早强剂或促凝剂。

（2）应选用水化总热量大的 R 型水泥或单位水泥用量较多的 32.5 级水泥，不宜掺粉煤灰。

（3）搅拌机出料温度不得低于 10℃，摊铺混凝土温度不得低于 5℃。在养生期间，应始终保持混凝土板最低温度不低于 5℃。否则，应采用热水或加热砂石料拌和混凝土，热水温度不得高于 80℃；砂石料温度不宜高于 50℃。

（4）应加强保温保湿覆盖养生，可选用塑料薄膜保湿隔离覆盖或喷洒养生剂，再采用草帘、泡沫塑料垫等保温覆盖初凝后的混凝土路面。遇雨雪必须再加盖油布、塑料薄膜等。应随时监测气温、水泥、拌和水、拌和物及路面混凝土的温度，每工班至少测定 3 次。

2. 混凝土路面或桥面弯拉强度未达到 1.0MPa 或抗压强度未达到 5.0MPa 时，应严防路面受冻。

3. 低温天施工时，路面或桥面覆盖保温保湿养生天数不得少于 28d，拆模时间应根据情况确定。

第五章　市政工程建设技术

第一节　市政管道工程

一、概　述

市政管道工程是市政工程的重要组成部分，是城市重要的基础工程设施。市政管道工程包括给水管道、排水管道、燃气管道、热力管道、电力电缆。

给水管道：主要为城市输送供应生活用水、生产用水、消防用水和市政绿化及喷洒用水，包括输水管道和配水管网两部分。排水管道：主要是及时收集城市生活污水、工业废水和雨水，并将生活污水和工业废水输送到污水处理厂进行处理后排放，雨水就近排放，以保证城市的环境卫生和生命财产的安全。燃气管道：主要是将燃气分配站中的燃气输送分配到各用户，供用户使用。热力管道：供给用户取暖使用，有热水管道和蒸汽管道。电力电缆：为城市输送电能。电力电缆按功能可分为动力电缆、照明电缆、电车电缆等；按电压的高低可分为低压电缆、高压电缆和超高压电缆。

二、市政管道开槽施工

开槽铺设预制成品管是目前国内外地下管道工程施工的主要方法。

开挖前测量放线，核对水准点，建立临时水准点（临时水准点设置在沟槽附近不受施工影响的固定建筑物上）。用白灰线标出沟槽开挖范围，槽开挖以挖掘机为主，人工配合修整沟底、沟壁，保证每 10 ~ 20m 测量一次高程。开槽工程具体步骤如下：

1. 施工准备

开工前对现场进行仔细的实地勘察，依据中线走向结合管线设计高程，对现状地面进行实测，确定沟槽深度、宽度，同时查看沟槽线位内的地下设施及地面构筑物，针对不同的情况分别采取措施，并对图纸提供的现状接入管进行复测，检验高程线位等是否与设计相同，若不同应上报设计院处理。

2. 沟槽开挖

沟槽开挖采用挖掘机挖土，人工配合，机械与人工流水作业，并派专人跟机，施工时注意现状管线的安全。开槽宽度依据设计管径及土质情况而定。开槽宽度、槽底宽度、沟槽边坡坡比应满足施工规范及设计要求。沟槽挖深由现状实测路面标高确定。挖掘机挖沟槽时，预留 200 ～ 300mm 进行人工开挖，由人工开挖至设计调和，整平。

3. 支撑与支护

（1）采用木撑板支撑和钢板桩，应经计算确定撑板的规格尺寸。

（2）撑板支撑应随挖土及时安装。

（3）在软土或其他不稳定土层中采用横排撑板支撑时，开始支撑的沟槽开挖深度不得超过 1m；开挖与支撑交替进行，每次交替的尝试宜为 0.4 ～ 0.8m。

4. 地基处理

（1）管道地基应符合设计要求，不符合时就按设计要求加固。

（2）槽底局部超控或发生扰动，超挖尝试不超过 150mm 时，可用挖槽原土回填夯实，其压实度不应低于原地基土的密实度。

（3）地基不良造成地基土扰动时，扰动深度在 100mm 以内，宜填天然级配砂石或砂砾处理；扰动深度在 300mm 以内，但下部坚硬时，宜填卵石或块石，并用砾石填充空隙并找平。

（4）柔性管道地基处理宜采用砂桩、搅拌桩等复合地基。

5. 下管

将排水管运抵开挖好的沟槽边，排列整齐，人工、机械配合下管。下管前应对管子等逐件进行检查，发现有裂缝、烂口或不符合尺寸者不得使用。下管应以施工安全、操作方便为原则。下管前应对沟槽进行以下检查，并做必要的处理：

1）检查槽底杂物：应将槽底清理干净。

2）检查平基高程及宽度：应符合质量标准。

3）检查槽帮：有裂缝及坍塌危险者必须处理。

4）检查堆土：下管的一侧堆土过高陡者，应根据下管需要进行整理。

6. 管道接口

1）钢筋混凝土管道接口采用橡胶圈接口。

接口时，先将胶圈及管口用清水清洗干净，再将胶圈安放在对口槽处将管头套入管口，并加入润滑剂再用紧绳器两侧拉紧，管头与管口拉紧。

2）聚乙烯缠绕管采用热熔带连接，连接前、后连接工具加热面上的污物应用洁净棉布擦净。

施工要点：

a. 将待连接二根管材端口对齐对靠并尽可能同轴，在管材椭圆度较大时应尽可能使两根管材端口长短轴对应。

b. 将电热熔带敷设于两根管材连接处内壁上，电热熔带搭接口及接线柱应位于管材上方；热熔带宽度方向上的中心线应尽可能与两管端对接线在同一垂直面上。

c. 电热熔带搭接处，用仿形热熔片将空隙填充。

d. 使用支承机具将电热熔带撑圆并均匀压紧贴合在管材内壁上，机具的所有压板均应整齐无遗漏的覆盖压合在热熔带上。

　　e. 将热熔焊机（电源）与电热熔带电热回路连接，依管材生产厂家提供的电流、通电时间等焊接工艺参数进行通电加热焊接。通电加热焊接过程中，电流可能有一定的连续稳定降低过程，但不得有升降突变，电热熔带熔焊区的表面温度在圆周上应是相对均匀的，如出现异常情况应对接头进行详细检查并采取相应措施。

　　f. 焊接完毕后，进行自然冷却，冷却过程中不许移动焊接机具，并保证接头不受外力作用，冷却后移动机具到下一个工作点。

　　h. 管道连接过程中使用非定长管时，采用手锯或电动往复锯进行断管，断管后端口漏出的钢带部分，必须用微型挤出机或 EVA 焊枪进行封焊。

　　7. 回填

　　回填时应清除槽内积水、木材、草帘等杂物，按照设计要求进行分层回填，不得回填淤泥、腐殖土和有机物质，管顶以上 50cm 范围内，不得回填大于 10cm 的石块、砖块等杂物。管道两侧和管顶以上 500mm 范围内的回填材料，应由沟槽两侧对称运入槽内，不得直接扔在管道上；回填其他部位时，应均匀运往槽内，不得集中推入。沟槽回填从管底基础部位开始到管顶以上 500mm 范围内，必须采用人工回填；管顶以上 500mm 部位，可用机具从管道轴线两侧同时夯实；每层回填高度应不大于 200mm。管道位于车行道下且铺设后即修筑路面或管道位于软土地层及低洼、沼泽、地下水位高地段时，沟槽回填宜先用中、粗砂将管底腋角部位填充密实后，再用中、粗砂分层回填到管顶以上 500mm。

三、市政管道不开槽施工

　　市政管道穿越铁路、公路、河流、建筑物等障碍物或在城市干道上施工而又不能中断交通，以及现场条件复杂不适宜采用开槽法施工时，常采用不开槽法施工。

　　不开槽铺设的市政管道的形状和材料，多为各种圆形预制管道，如钢管、钢筋混凝土管及其他各种合金管道和非金属管道，也可为方形、矩形和其他圆形的预制钢筋混凝土管沟。

　　与开槽施工法相比，不开槽施工减少了施工占地面积和土方工程量，不必拆除地面上和浅埋于地下的障碍物；管道不必设置基础和管座；不影响地面交通和河道的正常通航；工程立体交叉时，不影响上部工程施工；施工不受季节影响且噪声小，有利于文明施工；降低了工程造价。因此，不开槽施工在市政管道工程施工中得到了广泛应用。

　　不开槽施工一般适用于非岩性土层。市政管道的不开槽施工，最常用的是掘进顶管法。此外，还有挤压施工、牵引施工等方法。

　　施工前应根据管道的材料、尺寸、土层性质、管线长度、障碍物的性质和占地范围等因素，选择适宜的施工方法。

（一）顶管法施工

1. 人工取土掘进顶管法

施工前先在管道两端开挖工作坑，再按照设计管线的位置和坡度，在起点工作坑内修筑基础、安装导轨，把管道安放在导轨上顶进。把管道安放在导轨上顶进。顶进前，在管前端开挖坑道，然后用千斤顶将管道顶入。

在掘进顶管中，常用的管材为普通和加厚的钢筋混凝土圆管，管口形式以平口和企口为宜，特殊情况下也可采用钢管。

（1）顶管施工的准备工作

1）制订施工方案

顶管施工前，应对施工地带进行详细的勘查研究，进而编制可行的施工方案。在勘查研究中要掌握管道沿线水文地质资料；顶管地段地下管线的交叉情况和现场地形、交通、水电供应情况；顶进管道的管径、管材、埋深、接口和可能提供的顶进、掘进设备及其他有关资料。根据这些资料编制施工方案，其内容如下：

①确定工作坑的位置和尺寸，进行后背的结构计算；

②确定掘进和出土方法、下管方法、工作平台的支搭形式；

③进行顶力计算，选择顶进设备及考虑是否采用长距离顶进措施以增加顶进长度；

④遇有地下水时，采用的降水方法；

⑤工程质量和安全保证措施。

2）工作坑的布置

工作坑又称竖井，是掘进顶管施工的工作场所。工作坑的位置应根据地形、管道设计、地面障碍物等因素确定。其确定原则是考虑地形和土质情况，尽量选在有可利用的坑壁原状土做后背处和检查井、阀门井处；与被穿越的障碍物应有一定的安全距离且距水源和电源较近处；应便于排水、出土和运输，并具有堆放少量管材和暂时存土的场地；单向顶进时重力流管道应选在管道下游以利排水，压力流管道应选在管道上游以便及时使用。

3）工作坑的种类及尺寸

只向一个方向顶进管道的工作坑称为单向坑。

向一个方向顶进而又不会因顶力增大而导致管端压裂或后背破坏所能达到的最大长度，称为一次顶进长度。它因管材、土质、后背和后座墙的种类及其强度、顶进技术、管道埋设深度的不同而异，单向坑的最大顶进距离为一次顶进长度。

双向坑是向两个方向顶进管道的工作坑，因而可增加从一个工作坑顶进管道的有效长度。

转向坑是使顶进管道改变方向的工作坑。

多向坑是向多个方向顶进管道的工作坑。

接收坑是不顶进管道，只用于接收管道的工作坑。若几条管道同时由一个接收坑接收，则称为交汇坑。

工作坑的平面形状一般有圆形和矩形两种。圆形工作坑的占地面积小，一般采用沉井法施工，竣工后沉井可作为管道的附属构筑物，但需另外修筑后背。矩形工作坑是顶管施工中常用的形式，其短边与长边之比一般为 2 : 3。此种工作坑的后背布置比较方便，坑内空间能充分利用，覆土厚度深浅均可使用。如顶进小口径钢管，可采用条形工作坑，其短边与长边之比很小，有时可小于 1 : 5。

4）工作坑的基础与导轨

工作坑的施工一般有开槽法、沉井法和连续墙法等方法。

开槽法是常用的施工方法。在土质较好、地下水位低于坑底、管道覆土厚度小于2m的地区，可采用浅槽式工作坑。其纵断面形状有直槽形、阶梯形等。根据操作要求，工作坑最下部的坑壁应为直壁，其高度一般不少于 3 m。如需要开挖斜槽，则管道顶进方向的两端应为直壁。

土质不稳定的工作坑，坑壁应加设支撑。撑杠到工作坑底的距离一般不小于3.0m，工作坑的深度一般不超过7.0m，以便操作施工。

在地下水位高、地基土质为粉土或沙土时，为防止产生管涌，可采用围堰式工作坑，即用木板桩或钢板桩以企口相接形成圆形或矩形的围堰支撑工作坑的坑壁。

在地下水位下修建工作坑，如不能采取措施降低地下水位，可采用沉井法施工。即首先预制不小于工作坑尺寸的钢筋混凝土井筒，然后在钢筋混凝土井筒内挖土，随着不断挖土，井筒靠自身的重力不断下沉，当沉到要求的深度后，再用钢筋混凝土封底。在整个下沉的过程中，依靠井筒的阻挡作用，消除地下水对施工的影响。

连续墙式工作坑，即先钻深孔成槽，用泥浆护壁，然后放入钢筋网，浇筑混凝土时将泥浆挤出来形成连续墙段，再在井内挖土封底而形成工作坑。连续墙法比沉井法工期短、造价低。

施工过程中为了防止工作坑地基沉降，导致管道顶进误差过大，应在坑底修筑基础或加固地基。基础的形式取决于坑底土质、管节重量和地下水位等因素。一般有以下三种形式：

①土槽木枕基础。适用于土质较好，又无地下水的工作坑。这种基础施工操作简便、用料少，可在方木上直接铺设导轨。

②卵石木枕基础。适用于粉砂地基并有少量地下水时的工作坑。为了防止施工过程中扰动地基，可铺设厚为100 ~ 200 mm的卵石或级配砂石，在其上安装木轨枕，铺设导轨。

③混凝土木枕基础。适用于工作坑土质松软、有地下水、管径大的情况。基础采用不低于C10的混凝土。

导轨的作用是引导管道按设计的中心线和坡度顶入土中，保证管道在将要入土时的位置正确。因此，导轨安装时顶管施工中的一项非常重要的工作，安装时应满足如下要求：

A. 宜采用钢导轨，钢导轨有轻重之分，管径大时采用重轨

B. 导轨用道钉固定于基础的轨枕上，两导轨应平行等高，其高程应略高于该处管道的

设计高程，坡度与管道坡度一致。

C.安装后的导轨应该牢固，不得在使用过程中产生位移，并应经常检查校核。

顶管施工中，导轨可能产生各种质量问题：两导轨的位置发生变化。

5）后座墙与后背

后座墙与后背是千斤顶的支承结构，在顶进过程中始终承受千斤顶顶力的反作用力，该反作用力称为后座力。顶进时，千斤顶的后座力通过后背传递给后座墙。因此，后背和后座墙要有足够的强度和刚度，以承受此荷载，保证顶进工作顺利进行。

后背是紧靠后座墙设置的受力结构，一般由横排方木、立铁和横铁构成，其作用是减少对后座墙单位面积的压力。

6）顶进设备

顶进设备主要包括千斤顶、高压油泵、顶铁、下管与运土设备等。

①千斤顶（也称顶镐）。千斤顶是掘进顶管的主要设备，目前多采用液压千斤顶。液压千斤顶的构造形式分为活塞式和柱塞式两种，其作用方式有单作用液压千斤顶和双作用液压千斤顶。由于单作用液压千斤顶只有一个供油孔，只能向一个方向推动活塞杆，回镐时需借助外力（或重力），在顶管施工中使用中不便，所以一般顶管施工中采用双作用活塞式液压千斤顶。液压千斤顶按其驱动方式分为手压泵驱动、电泵驱动和引擎驱动三种方式，顶管施工中大多采用电泵驱动或手压泵驱动。

②高压油泵。顶管施工中的高压油泵一般采用轴向柱塞泵，借助柱塞在缸体内的往复运动，造成封闭容器体积的变化，不断吸油和压油。施工时电动机带动油泵工作，把工作油加压到工作压力，由管路输送，经分配器和控制阀进入千斤顶。电能经高压油泵转换为机械能，千斤顶又把压力能转换为机械能，对负载做功——顶入管道。机械能输出后，工作油以一个大气压状态回到油箱，进行下一次顶进。

③顶铁：顶铁的作用是延长短冲程千斤顶的顶程、传递顶力并扩大管节断面的承压面积。要求它能承受顶力而不变形，并且便于搬动。顶铁由各种型钢焊接而成。根据安放位置和传力作用的不同，可分为横铁、顺铁、立铁、弧铁和圆铁等。

④刃脚。刃脚是装于首节管前端，先贯入土中以减少贯入阻力，并防止土方坍塌的设备。一般由外壳、内环和肋板三部分组成。外壳以内环为界分成两部分，前面为遮板，后面为尾板。遮板端部呈 20° ～ 30° 角，尾部长度为 150 ～ 200mm。

半圆形的刃脚，则称为管檐，它是防止塌方的保护罩。檐长常为 600 ～ 700mm，外伸 500mm，顶进时至少贯入土中 200mm，以避免塌方。

（二）人工取土掘进顶管法

1.顶进施工

准备工作完毕，经检查各部位处于良好状态后，即可进行顶进施工。

（1）下管就位

首先用起重设备将管道由地面下到工作坑内的导轨上，就位以后装好顶铁，校测管中心和管底标高是否符合设计要求，满足要求后即可挖土顶进。下管就位时应注意如下问题：

1）下管前应对管道进行外观检查，保证管道无破损和纵向裂缝；端面平直；管壁光洁无坑陷或鼓包。

2）下管时工作坑内管道正下方严禁站人，当管道距导轨小于 500mm 时，操作人员方可近前工作。

3）首节管道的顶进质量是整段顶管工程质量的关键，当首节管安放在导轨上后，应测量管中心位置和前后端的管内底高程，符合要求后才可顶进。

（2）管前挖土与运土

管前挖土是保证顶进质量和地上构筑物安全的关键，挖土的方向和开挖的形状直接影响到顶进管位的准确性，因此应严格控制管前周围的超挖现象。对于密实土质，管端上方可有不超过 15mm 的间隙，以减少顶进阻力，管端下部 135° 范围内不得超挖，保持管壁与土基表面吻合，也可预留 10mm 厚土层，在管道顶进过程中切去，这样可防止管端下沉。在不允许上部土壤下沉的地段顶进时，管周围一律不得超挖。

管前挖土深度，一般等于千斤顶冲程长度，如土质较好，可超越管端 300 ～ 500 mm。超挖过大，不易控制土壁开挖形状，容易引起管位偏差和土方坍塌。在铁路道轨下顶管，不得超越管端以外 100 mm，并随挖随顶，在道轨以外最大不得超过 300 mm，同时应遵守其管理单位的规定。

在松软土层或有流沙的地段顶管时，为了防止土方坍落，保证安全和便于挖土操作，应在首节管前端安装管檐，管檐伸出的长度取决于土质。施工时，将管檐伸入土中，工人便可在管檐下挖土。有时，可用工具管代替管檐。

（3）顶进

顶进是利用千斤顶出镐，在后背不动的情况下，将被顶进的管道推向前进，其操作过程如下：

1）安装好顶铁并挤牢，当管前端已挖掘出一定长度的坑道后，启动油泵，千斤顶进油，活塞伸出一个工作冲程，将管道向前推进一定距离；

2）关闭油泵，打开控制阀，千斤顶回油，活塞缩回；

3）添加顶铁，重复上述操作，直至安装下一整节管道为止；

4）卸下顶铁，下管，在混凝土管接口处放一圈麻绳，以保证接口缝隙和受力均匀；

5）管道接口；

6）重新装好顶铁，重复上述操作。

顶进时应遵守"先挖后顶，随挖随顶"的原则，连续作业，避免中途停止，造成阻力增大，增加顶进的困难。

顶进开始时，应缓慢进行，待各接触部位密合后，再按正常顶进速度顶进。顶进过程中，要及时检查并校正首节管道的中线方向和管内底高程，确保顶进质量。如发现管前土方坍落、后背倾斜、偏差过大或油泵压力骤增等情况，应停止顶进，查明原因排除故障后，再继续顶进。

（4）顶管测量与偏差校正

顶管施工比开槽施工复杂，容易产生施工偏差，因此对管道中心线和顶管的起点、终点标高等都应精确地确定，并加强顶进过程中的测量与偏差校正。

1）顶管中线控制桩和中线桩的测设。

2）工作坑内高程桩测设。

3）导轨的安装测量。

4）顶进中管道中线的测量。

5）顶进中管道高程的测量。

6）测量次数。

7）顶管允许偏差。

顶进施工中，若发现管位偏差 10 mm 左右，即应进行校正。校正是逐步进行的，偏差形成后，不能立即将已顶进好的管道校正到位，应缓慢进行，使管道逐渐复位，禁止猛纠硬调，以防损坏管道或产生相反的效果。

（5）顶管接口

顶管施工中，一节管道顶完后，再将另一节管道下入工作坑，继续顶进。继续顶进前，相邻两管间要连接好，以提高管段的整体性和减少误差。

顶进完毕，检查无误后，拆除内涨圈进行永久性内接口。常用的内接口有以下方法：

1）平口管。先清理接缝，用清水湿润，然后填打石棉水泥或填塞膨胀水泥砂浆，填缝完毕及时养护。

2）企口管。先清理接缝，填打深度的油麻，然后用清水湿润缝隙，再填打石棉水泥或塞捣膨胀水泥砂浆；也可填打聚氯乙烯胶泥代替油毡。

目前，可用弹性密封胶代替石棉水泥或膨胀水泥砂浆。弹性密封胶应采用聚氨酯类密封胶，要求既防水又和混凝土有较强的黏着力，且寿命长。

（6）顶进管道的质量标准

外观质量。顶进管道应目测直顺、无反坡、管节无裂缝；接口填料饱满密实，管节接口内侧表面齐平；顶管中如遇塌方或超挖，其缝隙必须进行处理。

（三）机械取土掘进顶管法

管前人工挖土劳动强度大、效率低、劳动环境恶劣，管径小时工人无法进入挖土。采用机械取土掘进顶管法就可避免上述缺点。

机械取土掘进与人工取土掘进除掘进和管内运土方法不同外，其余基本相同。机械取土掘进顶管法是在被顶进管道前端安装机械钻进的挖土设备，配以机械运土，从而代替人工挖土和运土的顶管方法。

机械取土掘进一般分为切削掘进、水平钻进、纵向切削挖掘和水力掘进等方法。

1. 切削掘进

该方法的钻进设备主要由切削轮和刀齿组成。切削轮用于支承或安装切削臂，固定于主轮上，并通过主轮旋转而转动。切削轮有盘式和刀架式两种。盘式切削轮的盘面上安装刀齿，刀架式是在切削轮上安装悬臂式切削臂，刀架做成锥形。

2. 水平钻进

一般采用螺旋掘进机，主要由旋转切削式钻头切土，由螺旋输送器运土。切削钻头和输送器安装在管内，由电动机带动工作。施工时将电动机等动力装置、传动装置和管道都放在导向架上，随掘进随向前顶进，切削下来的土由螺旋输送器运至管外。

3. 纵向切削挖掘

纵向切削挖掘设备的掘进机构为球形框架或刀架，刀架上安装刀臂，切齿装于刀臂上。切削旋转的轴线垂直于管中心线，刀架纵向掘进，切削面呈半球状。

4. 水力掘进

水力掘进是利用高压水枪射流将切入工具管管口的土冲碎，水和土混合成泥浆状态输送至工作坑。

水力掘进的主要设备是在首节管前端安装一个三段双铰型工具管，工具管内包括封板、喷射管、真空室、高压水枪和排泥系统等。

三段双铰型工具管的前段为冲泥舱，刃脚和格栅的作用是切土和挤土，冲泥舱后面是操作室，由胸板将它们截然分开。操作人员在操作室内操纵水枪冲泥，通过观察窗和各种仪表直接掌握冲泥和排泥情况，根据开挖面的稳定状况决定是否向冲泥舱加局部气压，通过气压来平衡地下水压力，以阻止地下水进入开挖面。必要时，还可打开小密门，从操作室进入冲泥舱工作。顶进时，正面的泥土通过格栅挤压进入冲泥舱，然后被水枪破碎冲成泥水，泥水通过吸泥口和泥浆管排出。为了防止流砂或淤泥涌入管内，将冲泥舱密封，在吸泥口处安装格网，防止粗颗粒进入泥浆输送管道。

装置的中段是校正环。在校正环内安装校正千斤顶和校正铰。校正铰包括一对水平铰和垂直铰，冲泥舱和校正铰之间由于校正铰的铰接可做相对转动，开动上下左右相应的校正千斤顶可使冲泥舱做上下、左右转动，从而调整掘进方向。

装置的后端是控制室。根据设置在控制室的仪表可以了解工具管的纠偏和受力纠偏状态以及偏差、出泥、顶力和压浆等情况，从而发出纠偏、顶进和停止顶进等指令。为便于在冲泥舱内检修故障，使工人由小密门进入冲泥舱，应提高工具管内气压，以维持工作面稳定和防止地下水涌入，保证操作工人安全。控制室就是工人进出高压区时升压和降压用的。

冲泥舱、校正环和控制室之间设置内外两道密封装置，以防止地下水和泥砂通过段间缝隙进入工具管。通常采用橡胶止水带密封，橡胶圆条填塞于密封槽内。

第二节　明挖基坑建设

基坑开挖施工是工程施工中一个重要的工序，施工中必须严格按照施工规范操作。开挖过程中掌握好"分层、分步、对称、平衡、限时"五个要点，遵循"竖向分层、纵向分区段、先支后挖"的施工原则。基坑开挖接近地下水位时先进行基坑降水。

一、基坑降水施工方法

1. 方案论证与选择

施工降水是影响工程施工的一道关键工序，合理选择降水方案，确保地下水位能够降低到基坑底面以下，从而不影响基坑开挖和基础施工，显得尤为重要。本工程基坑开挖深度为地面下 0 ~ 9.1m，而场地内地下水位埋深为 4.42 ~ 7.25m，在开挖深度范围内的含水层主要为粉砂和粉质黏土层，渗透系数适中，水量较丰富，同时要求水位降深也大，为基坑坑底以下 1m，考虑基坑占地面积大、需降水位深度大等诸多因素，同时考虑边坡支护与施工降水的协调一致，确定采用管井井点降水系统进行抽降水，必要时在基坑底面设置明（盲）沟排水系统。

2. 基坑降水参数选用

根据规范与设计要求，结合现场实际情况及我部多年施工经验，基坑降水参数选用如下：

（1）降水井直径 $\Phi500mm$。

（2）含水层厚度 $H = 10.1m$。

（3）渗透系数 $K = 8m/d$。

（4）基坑最低处水位降深 $s=5.68m$。

（5）滤管半径（内径）$rs = 0.15m$。

3. 施工准备

（1）对现场的地上障碍物、渣土以及树木等进行清除，对场地进行平整碾压。

（2）在三通一平的基础上，进行施工场地围挡，根据护坡支护及降水的要求接好电源及水源，连接水、电，安装调试设备。

（3）规划现场平面布置，合理安排钻机施工顺序。

4. 施工方案

拟建工程基坑采用井点降水系统进行抽降水，井管用 $\Phi300$（内径）混凝土预制滤管和实管，滤管每节长 0.9m，下放井管时，两滤管接缝处用编织袋包扎严实，以免涌砂埋泵。布井时根据地下水的补给、排泄途径和方向适当调整井间距。井深不小于 15m。每井配一台流量为 30m³/h 的井泵，出水管上应设置逆止闸阀，便于控制水流，停泵后可关闭阀门，不至倒灌。地面排水管用直径 400mm 的塑料波纹管，泵管与地面排水管采用软连接。由于基坑面积较大，必要时可在基坑底面设置明（盲）沟排水系统。

（1）施工工艺流程

井点降水工艺流程主要包括降水井布置、钻孔成井、洗井、下泵、铺设排水管道、连接、安装供电系统、抽降水和拆除等九道工序，简述如下：

1）降水井布置

降水井宜在基坑外缘采用封闭式布置，降水井距基坑外缘为 1.0 ~ 2.0m。在布置降水井的过程中，应考虑基坑形状及场地的实际情况来合理设计井位及井距，如施工通道的井位和井距可做适当调整。

2）钻孔成井

降水井成孔方法可采用冲击钻孔或回转钻孔等方法，用泥浆或自成泥浆护壁，一侧设排泥沟和泥浆坑。设计井深不小于 15m，成孔时应考虑到抽水期内沉淀物可能沉淀的厚度而适当加大井深。成井时保证井径不小于 500mm，滤管用混凝土预制管，每节长 0.9m，滤管外径为 400mm、内径 300mm，滤管下放时应力求垂直，两滤管接缝处用编织袋缠两层，避免淤砂埋泵，竖向用 30mm 宽竹条通长压住，用 12# 铅丝绑两道，以保证滤管的整体性。井底 6m 以上用实管，往下用滤管，井管过滤部分应放置在含水层适当位置上。井管放到底后在井管四周填入滤料做滤层，分层填密实。滤料选用磨圆度好的硬质岩石，滤料要过筛，不能含土，保证滤料的不均匀系数小于 2，以粒径 1 ~ 5cm 的混合砾料为宜。

3）洗井

成井后应按规定洗清滤井，对于混凝土预制滤管，可采用空压机洗井，也可用潜水泵抽水洗井，洗至井内清水为止。

4）下泵

井内安设潜水电泵，潜水泵的出水量为 30m³/h，每井一泵，另外配备备用潜水泵 2 ~ 4 台，以便出现故障后及时更换。下泵时可用绳吊入滤水层部位，潜水电机、电缆、接头部位应有可靠绝缘，并配置保护开关控制。水泵应置于设计深度，水泵吸水口应始终保持在动水位以下，成井后应进行单井试抽检查井的出水能力。

5）铺设地面排水管道

成井过程中，可沿基坑外围铺设排水管道，根据排水量大小来选择排水管直径，环绕基坑的支排水管用 Φ200 的塑料管，总排水管用 Φ400 的塑料波纹管，将基坑内排出的水输送到施工区域旁魏河河道内。排水管与管的连接采用软连接。根据场地地形、地物，排水管可埋入地下或高架起来，架设高度不能太高，以免因泵的扬程不够而倒灌。排水管的布置根据建筑施工场地条件和施工通道的要求进行适当调整，为施工创造便利条件。

6）连接

水泵出水管与地面排水管可采用软连接，一般采用胶管或帆布管连接，水泵出水管上设置逆止阀门，以便控制水流。

7）供电系统安装

为保证降水工作顺利进行，工地内配设供电线路降水专线，从施工现场指定的位置接出电源，接到降水施工现场，抽降水过程中，应准备双电源，且二者能互相切换。降水系统内设置两个总配电柜，每 6 ～ 7 个泵设置一个支配电柜，配电柜应设置保护开关和报警装置。电缆线沿基坑边的支排水管相伴布设，与泵连接的电缆线用 $4 \times 4 mm^2$ 的铜芯电缆，从总配电柜接到支配电柜的电缆线用 $4 \times 25 mm^2$ 的铜芯电缆，从电源接至总配电柜的电缆线用 $5 \times 90 mm^2$ 的铜芯电缆。

8）抽降水

安设完毕后，应进行试抽，满足要求后转入正常工作。抽水过程中，应经常对电动机等设备进行检查，并观测水位、进行记录。降水过程中，应定期取样测试含砂量，保证含砂量不大于 5‰。

9）拆除

地下建筑物竣工后，经计算若地下水浮力不足以对已建部分造成破坏，则可以停泵。提泵撤管，回填井管，降水完成。

（2）施工材料要求

1）滤料为水洗砂料或碎石，粒径为 1 ～ 3mm，含泥量 <5%。

2）井管为 Φ400mm 水泥砾石滤水管，底部 2m 作为沉淀用。

3）现场准备 2 ～ 4 个水位计。

（3）施工技术要求

1）上部 0 ～ 2.0m 黏土封孔，此工作在洗井之后进行。

2）24 小时内洗井，洗到水清砂净为止。

3）下管时，井管周围用铅丝绑 3 ～ 4 个竹皮，使井管与孔中心一致。

4）填料要四周均填，使滤料均匀分布在井管周围。

5）其他要求均按通常的规范和要求执行，保证把地下水处理好，达到基础工程施工的要求。

（4）排水要求

1）提前规划好排水点 2 ～ 3 个。

2）抽水开始时，井点抽出的水先进入沉淀池，后再排到指定处。

3）排水总管采用 Φ400 的塑料波纹管，水平坡度不小于 2%。

4）排出水可以采取集中回收用于冲洗土方车轮及其他生产用水等。

二、基坑开挖施工方法

1.施工准备

（1）平整施工场地，用推土机清理施工区域内田埂、塘埂、砖墙、树木、电杆等影响施工的构筑物。

（2）测量放线，用全站仪进行施工放样，放出隧道基坑中线、开挖边线，并用木桩打桩做标记。

（3）修筑施工便道，便道宽 4.5m，为泥结碎石便道，用于机械设备进场及基坑开挖土方出碴。

（4）沿隧道基坑坡顶布设照明用电，以便夜间施工。

（5）基坑开挖前，沿基坑四周设置截水沟，截留地表水，以防降雨流入基坑。

2. 基坑开挖

工程地质、水文地质条件差，基坑为软土开挖及防护施工，基坑土体开挖空间和开挖速率需相互协调配合，土体开挖综合纵坡不能陡于设计要求，开挖台阶高度或层厚不宜大于 2m，严禁在一个工况条件下一次开挖到底。纵向放坡开挖时，在坡顶外设置截水沟，在坡脚设置排水沟和积水井，防止地表水冲刷坡面再回流渗入基坑内。开挖边坡采用网喷措施，做好边坡保护。基坑开挖至每层标高时及时施做坡面防护，做到随挖随防护。基坑开挖采用挖掘机施工，自卸汽车出碴，开挖时按"纵向分段、竖向分层"的方式开挖，坑底保留 200 ~ 300mm 厚土层用人工挖除整平，防止坑底土扰动。当基坑开挖深度大于 6m 时设置卸载平台，卸载平台宽 2m，距基坑底高度 6m。所有挖掘机械和车辆不得直接在边坡卸载平台上行走操作，严禁挖掘机碰撞井点管、防护面等。具体施工工艺流程如下：

（1）坡顶截水沟

采用人工开挖法在基坑坡顶 1.0m 外自然地坪处设置 60cm × 60cm 的截水沟，每隔 60m 设一集水井，长 2m、宽 1.5m、高 1.5m，并配置水泵，及时将集水井内的积水排入附近魏河河道内，不让地面水流入基坑内。

（2）第一层土开挖

由测量班对基坑开挖线进行放线，并用木桩和白灰线做标记。用挖掘机进行第一层土体开挖，边坡预留一定厚度的保护层，采用人工修整坡面至设计标高。

（3）安装钢筋网

钢筋网采用 20cm × 20cm 的 Φ6 钢筋网，焊接网格允许偏差 ±10mm，钢筋网搭接长度 30cm。钢筋网应安设牢固，保证喷射混凝土时钢筋网不晃动。喷射混凝土前基坑边坡设置间距 2.4m 的 Φ40 塑料排水管，以便边坡土体积水排出，确保喷射混凝土与边坡土体的黏结能力。

（4）喷射混凝土

基坑开挖后为尽量缩短边坡土体裸露时间，混凝土在基坑边坡。钢筋网挂设好后一次喷射成型，采用 C20 混凝土进行喷射，喷射厚度 10cm。

喷射时，喷头应尽量与受喷面垂直，距离宜为 0.6 ~ 1.2m，喷射时控制好水灰比，保持混凝土表面平整、湿润光泽、无斑及滑移流淌现象。

（5）卸载平台

第一层土体开挖完成后按上述步骤进行下一层土体开挖，直至卸载平台位置，卸载平台宽 2m，距基坑底高 6m，卸载平台靠边坡坡脚侧设置 50cm×60cm 的排水沟，施工方法同坡顶截水沟。

（6）卸载平台高程以下基坑土体开挖、挂设钢筋网、喷射混凝土。

（7）基坑坡脚排水沟

在基坑坡脚处设置 50cm×60cm 的排水沟，施工方法同坡顶截水沟。

第三节　喷锚暗挖（矿山）法施工

一、浅埋暗挖法与掘进方式

浅埋暗挖法施工因掘进方式不同，有众多的具体施工方法，如全断面法、正台阶法、环形开挖预留核心土法、单侧壁导坑法、双侧壁导坑法、中隔壁法、交叉中隔壁法、中洞法、侧洞法、柱洞法等。

（一）全断面开挖法

1. 全断面开挖法适用于土质稳定、断面较小的隧道施工，适宜人工开挖或小型机械作业。

2. 全断面开挖法采取自上而下一次开挖成型，沿着轮廓开挖，按施工方案一次进尺并及时进行初期支护。

3. 全断面开挖法的优点是可以减少开挖对围岩的扰动次数，有利于围岩天然承载拱的形成，工序简便；缺点是对地质条件要求严格，围岩必须有足够的自稳能力。

（二）台阶开挖法

1. 台阶开挖法适用于土质较好的隧道施工，以及软弱围岩、第四纪沉积地层隧道。

2. 台阶开挖法将结构断面分成两个以上部分，即分成上下两个工作面或几个工作面，分步开挖。根据地层条件和机械配套情况，台阶法又可分为正台阶法和中隔壁台阶法等。正台阶法能较早地使支护闭合，有利于控制其结构变形及由此引起的地面沉降。

3. 台阶开挖法的优点是具有足够的作业空间和较快的施工速度，灵活多变，适用性强。

（三）环形开挖预留核心土法

1. 环形开挖预留核心土法适用于一般土质或易坍塌的软弱围岩、断面较大的隧道施工，是城市第四纪软土地层浅埋暗挖法最常用的一种标准掘进方式。

2. 一般情况下，将断面分成环形拱部、上部核心土、下部台阶等三部分。根据断面的大小，环形拱部又可分成几块交替开挖。环形开挖进尺为 0.5 ~ 1.0m，不宜过长。台阶长度一般以控制在 1D 内（D 一般指隧道跨度）为宜。

3. 施工作业流程：用人工或单臂掘进机开挖环形拱部→架立钢支撑→喷混凝土。

在拱部初次支护保护下，为加快进度，宜采用挖掘机或单臂掘进机开挖核心土和下台阶，随时接长钢支撑和喷混凝土、封底。视初次支护的变形情况或施工步序，安排施工二次衬砌作业。

（四）单侧壁导坑法

1. 单侧壁导坑法适用于断面跨度大、地表沉陷难以控制的软弱松散围岩中隧道施工。

2. 单侧壁导坑法是将断面横向分成 3 块或 4 块：侧壁导坑（1）、上台阶（2）、下台阶（3），侧壁导坑尺寸应本着充分利用台阶的支撑作用，并考虑机械设备和施工条件而定。

3. 一般情况下侧壁导坑宽度不宜超过 0.5 倍洞宽，高度以到起拱线为宜，这样导坑可分两次开挖和支护，不需要架设工作平台，人工架立钢支撑也较方便。

4. 导坑与台阶的距离没有硬性规定，但一般应以导坑施工和台阶施工不发生干扰为原则。上、下台阶的距离则视围岩情况参照短台阶法或超短台阶法拟定。

（五）双侧壁导坑法

1. 双侧壁导坑法又称眼镜工法。当隧道跨度很大、地表沉陷要求严格、围岩条件特别差、单侧壁导坑法难以控制围岩变形时，可采用双侧壁导坑法。

2. 双侧壁导坑法一般是将断面分成四块：左、右侧壁导坑、上部核心、下台阶。导坑尺寸拟定的原则同前，但宽度不宜超过断面最大跨度的 1/3。左、右侧导坑错开的距离，应根据开挖一侧导坑所引起的围岩应力重分布的影响不致波及另一侧已成导坑的原则确定。

3. 施工顺序：

开挖一侧导坑，并及时将其初次支护闭合。

相隔适当距离后开挖另一侧导坑，并建造初次支护。

开挖上部核心土，建造拱部初次支护，拱脚支承在两侧壁导坑的初次支护上。

开挖下台阶，建造底部的初次支护，使初次支护全断面闭合。

拆除导坑临空部分的初次支护。

施工做内层衬砌。

（六）中隔壁法（CD）和交叉中隔壁法（CRD）

1. 中隔壁法也称 CD 工法，主要适用于地层较差、不稳定岩体且地面沉降要求严格的地下工程施工。

2. 当 CD 工法不能满足要求时，可在 CD 工法基础上加设临时仰拱，即所谓的交叉中隔壁法（CRD 工法）。

3. CD 工法和 CRD 工法在大跨度隧道中应用普遍，在施工中应严格遵守正台阶法的施工要点，尤其要考虑时空效应，每一步开挖必须快速，必须及时步步成环，工作面留核心土或用喷混凝土封闭，消除由于工作面应力松弛而增大沉降值的现象。

（七）中洞法、侧洞法、柱洞法、洞桩法

当地层条件差、断面特大时，一般设计成多跨结构，跨与跨之间有梁、柱连接，一般采用中洞法、侧洞法、柱洞法及洞桩法等施工，其核心思想是变大断面为中小断面，提高施工安全度。

1. 中洞法施工就是先开挖中间部分（中洞），在中洞内施做梁、柱结构，然后再开挖两侧部分（侧洞），并逐渐将侧洞顶部荷载通过中洞初期支护转移到梁、柱结构上。由于中洞的跨度较大，施工中一般采用 CD、CRD 或双侧壁导坑法进行施工。中洞法施工工序复杂，但两侧洞对称施工，比较容易解决侧压力从中洞初期支护转移到梁柱上时的不平衡侧压力问题，施工引起的地面沉降较易控制。特点：初期支护自上而下，每一步封闭成环，环环相扣，二次衬砌自下而上施工，施工质量容易得到保证。

2. 侧洞法施工就是先开挖两侧部分（侧洞），在侧洞内做梁、柱结构，然后再开挖中间部分（中洞），并逐渐将中洞顶部荷载通过初期支护转移到梁、柱上，这种施工方法在处理中洞顶部荷载转移时，相对于中洞法要困难一些。特点：两侧洞施工时，中洞上方土体经受多次扰动，形成危及中洞的上小下大的梯形、三角形或楔形土体，该土体直接压在中洞上，中洞施工若不够谨慎就可能发生坍塌。

3. 柱洞法施工是先在立柱位置施做一个小导洞，当小导洞做好后，在洞内再做底梁，形成一个细而高的纵向结构，柱洞法施工的关键是如何确保两侧开挖后初期支护同步作用在顶纵梁上，而且柱子左右水平力要同时加上且保持相等。

4. 洞桩法就是先挖洞，在洞内制作挖孔桩，梁柱完成后，再施做顶部结构，然后在其保护下施工——实际上就是将盖挖法施工的挖孔桩梁柱等转入地下进行。

二、喷锚加固支护施工技术

（一）喷锚暗挖与初期支护

1. 喷锚暗挖与支护加固

（1）浅埋暗挖法施工地下结构需采用喷锚初期支护，主要包括：

钢筋网喷射混凝土、锚杆—钢筋网喷射混凝土、钢拱架—钢筋网喷射混凝土等支护结构形式；可根据围岩的稳定状况，采用一种或几种结构组合。

（2）在浅埋软岩地段、自稳性差的软弱破碎围岩、断层破碎带、砂土层等不良地质

条件下施工时，若围岩自稳时间短、不能保证安全地完成初次支护，为确保施工安全、加快施工进度，应采用各种辅助技术进行加固处理，使开挖作业面围岩保持稳定。

（二）支护与加固技术措施

1. 暗挖隧道内常用的技术措施

（1）超前锚杆或超前小导管支护；

（2）小导管周边注浆或围岩深孔注浆；

（3）设置临时仰拱。

2. 暗挖隧道外常用的技术措施

（1）管棚超前支护；

（2）地表锚杆或地表注浆加固；

（3）冻结法固结地层；

（4）降低地下水位法。

（三）暗挖隧道内加固支护技术

1. 喷射混凝土前的准备工作

（1）喷射混凝土前，应检查开挖断面尺寸，清除开挖面、拱脚或墙脚处的土块等杂物，设置控制喷层厚度的标志。对基面有滴水、淌水、集中出水点的情况，采用埋管等方法进行引导疏干。

（2）应根据工程地质及水文地质、喷射量等条件选择喷射方式，宜采用分层湿喷方式；分层喷射厚度宜为 50 ～ 100mm。

（3）钢拱架应在开挖或喷射混凝土后及时架设；超前锚杆、小导管支护宜与钢拱架、钢筋网配合使用，长度宜为 3.0 ～ 3.5m，并应大于循环进尺的 2 倍。

（4）超前锚杆、小导管支护是沿开挖轮廓线，以一定的外插角，向开挖面前方安装锚杆、导管，形成对前方围岩的预加固。

2. 喷射混凝土

（1）喷射混凝土应紧跟开挖工作面，应分段、分片、分层，由下而上顺序进行，当岩面有较大凹洼时，应先填平。分层喷射时，一次喷射厚度可根据喷射部位和设计厚度确定。

（2）钢拱架应与喷射混凝土形成一体，钢拱架与围岩间的间隙必须用喷射混凝土充填密实，钢拱架应全部被喷射混凝土覆盖，其保护层厚度不应小于 40mm。

（3）临时仰拱应根据围岩情况及量测数据确定设置区段，可采用型钢或格栅结合喷混凝土修筑。

3. 隧道内锚杆注浆加固

锚杆施工应保证孔位的精度在允许偏差范围内，钻孔不宜平行于岩层层面，宜沿隧道周边径向钻孔。锚杆必须安装垫板，垫板应与喷混凝土面密贴。钻孔安设锚杆前应先进行喷射混凝土施工，孔位、孔径、孔深要符合设计要求，锚杆露出岩面长不大于喷射混凝土的厚度，锚杆施工应符合质量要求。

（四）暗挖隧道外的超前加固技术

1.降低地下水位法

（1）当浅埋暗挖施工地下结构处于富水地层中，且地层的渗透性较好，应首选降低地下水位法达到稳定围岩、提高喷锚支护安全的目的。含水的松散破碎地层宜采用降低地下水位法，不宜采用集中宣泄排水的方法。

（2）在城市地下工程中采用降低地下水位法时，最重要的决策因素是确保降水引起的沉降不会对已存在构筑物或拟建构筑物的结构安全构成危害。

（3）降低地下水位通常采用地面降水方法或隧道内辅助降水方法。

（4）当采用降水方案不能满足要求时，应在开挖前进行帷幕预注浆，加固地层等堵水处理。根据水文、地质钻孔和调查资料，预计有大量涌水或涌水量虽不大，但开挖后可能引起大规模塌方时，应在开挖前进行注浆堵水，加固围岩。

2.地表锚杆（管）

（1）地表锚杆（管）是一种地表预加固地层的措施，适用于浅埋暗挖、进出工作井地段和岩体松软破碎地段。

（2）锚杆类型应根据地质条件、使用要求及锚固特性进行选择，可选用中空注浆锚杆、树脂锚杆、自钻式锚杆、砂浆锚杆和摩擦型锚杆。

3.冻结法固结地层

（1）冻结法是利用人工制冷技术，用于富水软弱地层的暗挖施工固结地层。

一般来说，当土体的含水量大于2.5%、地下水含盐量不大于3%、地下水流速不大于40m/d时，均可"适用"常规冻结法；当土层含水量大于10%和地下水流速不大于9m/d时，冻土扩展速度和冻结体形成的效果"最佳"。

（2）在地下结构开挖断面周围需加固的含水软弱地层中钻孔敷管，安装冻结器，通过人工制冷作用将天然岩土变成冻土，形成完整性好、强度高、不透水的临时加固体，从而达到加固地层、隔绝地下水与拟建构筑物联系的目的。

（3）在冻结体的保护下进行竖井或隧道等地下工程的开挖施工，待衬砌支护完成后，冻结地层逐步解冻，最终恢复到原始状态。

三、衬砌及防水

（一）施工方案选择

1.施工期间的防水措施主要是排和堵两类。施工前，根据资料预计可能出现的地下水情况，估计水量，选择防水方案。施工中要做好出水部位、水量等记录，按设计要求施做排水系统，确保防水效果。当结构处于贫水稳定地层，同时位于地下潜水位以上时，在确保安全的条件下，可考虑限排方案。

2. 在衬砌背后设置排水盲管（沟）或暗沟和在隧底设置中心排水盲沟时，应根据隧道的渗漏水情况，配合衬砌一次施工。施工中应防止衬砌混凝土或压浆浆液侵入盲沟内堵塞水路，盲管（沟）或暗沟应有足够数量和过水能力的断面，组成完整有效的排水系统并应符合设计要求。

3. 衬砌背后可采用注浆或喷涂防水层等方法止水。施工前应根据工程地质和水文地质条件，通过试验进行设计，并在施工过程中修正各项参数。

（二）复合式衬砌防水层施工

（1）复合式衬砌防水层施工应优先选用射钉铺设。

（2）防水层施工时喷射混凝土表面应平顺，不得留有锚杆头或钢筋断头，表面漏水应及时引排，防水层接头应擦净。防水层可在拱部和边墙按环状铺设，开挖和衬砌作业不得损坏防水层，铺设防水层地段距开挖面不应小于爆破安全距离，防水层纵横向铺设长度应根据开挖方法和设计断面确定。

（3）衬砌施工缝和沉降缝的止水带不得有割伤、破裂，固定应牢固，防止偏移，以提高止水带部位混凝土浇筑的质量。

（4）二衬混凝土施工：

1）二衬采用补偿收缩混凝土，具有良好的抗裂性能，主体结构防水混凝土在工程结构中不但承担着防水作用，还要和钢筋一起承担结构受力作用。

2）立衬混凝土浇筑应采用组合钢模板体系和模板台车两种模板体系。对模板及支撑结构进行验算，以保证其具有足够的强度、刚度和稳定性，防止发生变形和下沉。模板接缝要拼贴平密，避免漏浆。

3）混凝土浇筑采用泵送模筑，两侧边墙采用插入式振动器振捣，底部采用附着式振动器振捣。混凝土浇筑应连续进行，两侧对称，水平浇筑，不得出现水平和倾斜接缝；如混凝土浇筑因故中断，则必须采取措施对两次浇筑混凝土界面进行处理，以满足防水要求。

四、小导管注浆加固技术

（一）适用条件与基本规定

1. 适用条件

（1）小导管注浆支护加固技术可作为暗挖隧道常用的支护措施和超前加固措施，能配套使用多种注浆材料，施工速度快，施工机具简单，工序交换容易。

（2）在软弱、破碎地层中成孔困难或易塌孔，且施做超前锚杆比较困难或者结构断面较大时，宜采取超前小导管注浆和超前预加固处理方法。

2. 基本规定

（1）小导管支护和超前加固必须配合钢拱架使用。

用作小导管的钢管带有注浆孔，以向土体进行注浆加固。

（2）采用小导管加固时，为保证工作面稳定和掘进安全，应确保小导管安装位置正确和足够的有效长度，严格控制好小导管的安设角度。

（3）在条件允许时，应配合地面超前注浆加固；有导洞时，可在导洞内对隧道周边进行径向注浆加固。

（二）技术要点

1. 小导管布设

（1）常用设计参数：钢管直径 30～50mm，钢管长 3～5m，焊接钢管或无缝钢管；钢管安设注浆孔间距为 100～150mm，钢管沿拱的环向布置间距为 300～500mm，钢管沿拱的环向外插角为 5°～15°，小导管是受力杆件，因此两排小导管在纵向上应有一定搭接长度，钢管沿隧道纵向的搭接长度一般不小于 1 m。

（2）导管安装前应将工作面封闭严密、牢固，清理干净，测放出安设位置后方可施工。

2. 注浆材料

（1）应具备良好的可注性，固结体应具有一定强度、抗渗、稳定、耐久和收缩率小等特点，浆液无毒。注浆材料可采用改性水玻璃浆、普通水泥单液浆、水泥—水玻璃双液浆、超细水泥等注浆材料。一般情况下改性水玻璃浆适用于砂类土，水泥浆和水泥砂浆适用于卵石地层。

（2）水泥浆或水泥砂浆主要成分为硅酸盐水泥、水泥砂浆；水玻璃浓度应为 40°～45° Be，外加剂应视不同地层和注浆工艺进行选择。

（3）注浆材料的选用和配合比的确定应根据工程条件和经试验确定。

3. 注浆工艺

（1）注浆工艺应简单、方便、安全，应根据土质条件选择注浆工艺（法）。

（2）在砂卵石地层中宜采用渗入注浆法；

在砂层中宜采用挤压、渗透注浆法；

在黏土层中宜采用劈裂或电动硅化注浆法；

在淤泥质软土层中宜采用高压喷射注浆法。

（三）施工控制要点

1. 控制加固范围

（1）按设计要求，严格控制小导管的长度、开孔率、安设角度和方向。

（2）小导管的尾部必须设置封堵孔，防止漏浆。

2. 保证注浆效果

（1）浆液必须配比准确，符合设计要求。

（2）注浆时间和注浆压力应由试验确定，应严格控制注浆压力。一般条件下，改性水玻璃浆、水泥浆初压压力宜为 0.1 ~ 0.3MPa，砂质土终压压力一般应不大于 0.5MPa，黏质土终压压力不应大于 0.7MPa。水玻璃—水泥浆初压压力宜为 0.3 ~ 1.0MPa，终压压力宜为 1.2 ~ 1.5MPa。

（3）注浆施工期应进行监测，监测项目通常有地（路）面隆起、地下水污染等，特别要采取必要措施防止注浆浆液溢出地面或超出注浆范围。

第四节　城市轨道工程建设

城市轨道工程采用的无砟轨道具有轨道稳定性高、刚度均匀性好、结构耐久性强和维修工作量显著减少等特点。根据道床使用功能可分为三大类：一般整体道床、可调式道床以及减振类道床。一般整体道床属典型的无砟道床，单纯的作为列车运行的载体，结构相对简单，因此本书不详加论述。

一、可调式道床

可调式道床是针对特殊的地质条件设计的一种道床结构形式，如针对西安地铁一、二号线所经过的地裂缝地质结构，该类地质活动可对其上的地铁隧道及其他建筑物产生影响，进而使轨道的几何尺寸发生变化，可调式框架板道床就是针对这一地质结构进行设计的一种可调式道床，当地裂缝活动对地铁隧道或其他构筑物产生影响时，通过设计赋予道床的调节能力进行自我调整，确保轨道几何形态符合规范要求。

1.地裂缝地质结构

地裂缝是地表岩、土体在自然或人为因素作用下，产生开裂，并在地面形成一定长度和宽度的裂缝的一种地质现象，当这种现象发生在有人类活动的地区时，便可成为一种地质灾害；地裂缝的形成是指强烈地震时因地下断层错动使岩层发生位移或错动，并在地面上形成断裂，其走向和地下断裂带一致，规模大，常呈带状分布。地裂缝对轨道的影响主要表现为因地裂缝的活动造成隧道结构的沉降与位移，进而影响轨道的几何尺寸。

2.可调式框架板道床

可调式框架板道床是针对西安地铁特有的地裂缝地质结构进行设计的，主要由钢轨、框架板扣件和框架板结构三部分组成。可调式框架板道床通过框架板扣件与框架板结构来应对隧道结构的位移和沉降；框架板扣件可调节轨道的轨向、中线偏差，当隧道结构因地裂缝活动发生位移时，轨道的轨向和中线偏差随之发生变化，通过框架板扣件中的锯齿垫块和铁垫板的椭圆孔位移预留量调整轨向和中心偏差；框架板结构用于调节水平、高低、超高，当隧道结构因地裂缝活动而发生沉降时，轨道的水平、高低、超高随之发生变化，通过框架板结构下的调高垫板与调高用预制混凝土垫块进行调整。

3.可调式框架板道床施工难点

（1）在西安地铁二号线 F10 地裂缝轨道工程施工过程中，在半径小于 800m 的曲线地段施工时，调轨难度异常大。原因：当遇到小半径曲线地段时，由于框架板结构刚度大，轨排钢轨无法弯曲，进而无法使轨道几何尺寸达到规范要求，因此组装轨排时应按铺轨方向先行放线模拟，对框架板轨排进行预弯，确保轨道曲线半径、曲线长度、曲线转向与所铺设地段相同。

（2）可调式框架板混凝土道床面高于框架板结构上表面，而道床中心设置排水沟，且沟底低于结构下表面，浇筑道床时结构下方易发生漏空现象，针对这一质量难题，我们在西安地铁一、二号线的可调式框架板道床混凝土施工过程中，通常采取以下措施：将混凝土坍落度控制在 180mm，浇筑至框架板主体结构下表面上方 2 ~ 3cm 位置，严格按技术交底对框架板结构下混凝土进行振捣，并观察混凝土的流动情况，当浇筑完成约 30 分钟后，混凝土不再流动且尚未初凝时，将多余的混凝土铲掉，收光抹面，整个浇筑过程中对结构下方混凝土密实度不断检查，结果显示这是一个非常有效的方案。

（3）在施工过程中，我们发现框架板结构四周用泡沫塑料包裹，泡沫塑料柔软易损，胶水遇水时与混凝土黏结性差，因此加强对泡沫材料的保护，并提高框架板结构与泡沫塑料接缝处的防水性能是施工过程中的重难点，在施工过程中通常采用透明胶带将泡沫塑料与框架板结构接缝处进行密封式粘贴，防止浇筑时接缝处浸水。

二、减振类道床

城市轨道交通属于市政工程，线路所经区域繁华、人口密集，列车运营所产生的噪声直接影响着市民的生活质量，在学校、医院、住宅等敏感区域的轨道采取减振措施是必要的。线路所在的不同地段对道床的减振要求也不尽相同，根据减振要求的等级可分为中等减振道床、高等减振道床、特殊减振道床。道床的减振效果可以通过扣配件、轨枕实现，如减振器道床与纵向轨枕道床，该类道床施工工艺类似一般整体道床，较为简单；也可以通过道床结构部分实现，如橡胶垫整体道床和钢弹簧浮板道床。本书减振类道床介绍最具代表性的钢弹簧浮置板道床。

1.钢弹簧浮置板道床

钢弹簧浮置板道床是一种特殊的新型轨道减振轨道结构形式，由道床板、钢弹簧隔振器、剪力铰、横向限位装置、密封条、钢轨及扣件等组成。它将具有一定质量和刚度的混凝土道床板置于钢弹簧隔振器上，构成质量—弹簧—隔振系统。其基本原理就是在轨道和基础间插入一个固有频率远低于激振频率的线性隔振器，借以减少传入基底的振动量，是减小向下部结构传振和传声的有效方法，弹簧—质量—道床隔振系统的隔振作用的有效性，主要取决于道床的质量、弹簧的刚度及相互作用。经过钢弹簧浮置板道床的隔离，列车产生的强大振动只有极少量会传递到下部结构，对下部结构和周围环境起到很好的保护作用。

2. 钢弹簧浮置板道床施工难度

钢弹簧浮置板道床常见的质量缺陷为隔振筒与钢轨底部贴死、隔振筒倾斜及隔振筒悬空。原因最终归结于基底的高程误差与平整度；因设计时道床板强度要求决定了道床厚度，当基底高程误差较大时，隔振筒与钢轨底部贴死，这对强电专业接触网系统有着致命的影响；如果基底平整度不符合设计要求，隔振筒会出现悬空或倾斜，不利于道床的减振性能；由此可见基底的施工质量直接影响着隔振筒位置和轨顶的标高，因此基底表面的误差直接决定了浮置板的施工精度，浮置板施工的首要质量控制目标就是对基底施工误差的控制，这也是浮置板工程项目的技术配合重点。

（1）由于隧道盾构时基底高程易受盾构机姿态的影响，当现场基底空间尺寸与设计图纸有较大差异，可经设计各方确认后根据实际情况采取必要的断面调整，对基底钢筋采用增减支撑高度等措施进行变通补偿。以西安地铁一号线浐河站—半坡站区间浮置板道床为例，盾构基底高程最大偏差 +80mm，该段道床基底如果按设计图纸进行配筋下料，就会出现漏筋状况，因此我们利用测量的数据在 CAD 绘图软件上进行模拟，适当减小基底箍筋、架立筋的长度，使整个钢筋混凝土结构满足要求。

（2）当隧道曲线地段基底设置超高，即采用与浮置板、轨道超高设置相同的倾斜基底，基底面在横向始终与轨顶面的横向连线平行。施工时应严格控制基底表面的平整度；曲线地段基底内侧与外侧高程有差异，浇筑时应合理控制混凝土的坍落度，也可采用二次浇筑施工来控制施工误差。以西安地铁一号线长乐坡站—浐河站区间浮置板道床为例，我们采取以下方式进行基底浇筑：先浇筑混凝土至上层钢筋位置，在一次浇筑混凝土初凝前，二次浇筑上层混凝土，此层混凝土采用添加止裂纤维的细骨料混凝土，并结合面层施工尽可能维持曲线段基底的表面精度。

（3）基底浇筑完毕后，对每个安装隔振器的位置的高程和水平度进行检查，对于高程差大于 0 ～ -5mm、隔振器处水平度大于 ±2mm/m² 的超差部位。可采用整体打磨或垫高的办法进行处理，严禁采用在混凝土表面局部垫高或挖深的方法来满足隔振器放置要求，垫高材料一般选用质量较好的高强灌浆料。

第五节　城市隧道工程建设

隧道结构是地下建筑结构的重要组成部分，它的结构形式可以根据地层的类别、使用功能和施工技术水平等进行选择。其结构主要有半衬砌结构、厚拱薄墙衬砌结构、直墙拱形衬砌结构、曲墙结构、复合衬砌结构和连拱隧道结构等形式。

一、结构形式、受力特点和适用条件

1. 半衬砌结构

在坚硬岩层中，若侧壁无坍塌危险，仅顶部岩石可能有局部滑落时，可仅施做顶部衬砌，不做边墙，只喷一层不小于20mm厚的水泥砂浆护面，即半衬砌结构。

2. 厚拱薄墙衬砌结构

在中硬岩层中，拱顶所受的力可通过拱脚大部分传给岩体，充分利用岩石的强度，这种结构适宜用在水平压力较小，且稳定性较差的围岩中。对于稳定或基本稳定的围岩中的大跨度、高边墙洞室，如采用喷锚结构施工装备条件存在困难，或喷锚结构防水达不到要求时，也可以考虑使用。

3. 直墙拱形衬砌结构

在一般或较差岩层中的隧道结构，通常是拱顶与边墙浇在一起，形成一个整体结构，即直墙拱形衬砌结构，是广泛应用的隧道结构形式。

4. 曲墙衬砌结

在很差的岩层中，岩体松散破碎且易于坍塌，衬砌结构一般由拱圈、曲线形侧墙和仰拱底板组成，形成曲墙衬砌结构。该种衬砌结构的受力性能相对较好，但对施工技术要求较高，也是一种被广泛应用的隧道结构形式。

5. 复合衬砌结构

复合支护结构一般认为围岩具有自支承能力，支护的作用首先是加固和稳定围岩，使围岩的自承能力充分发挥，从而可允许围岩发生一定的变形和由此减薄支护结构的厚度。工程施工时，一般先向洞壁施做柔性薄层喷射混凝土，必要时同时设置锚杆，并通过重复喷射增厚喷层，以及在喷层中增设网筋稳定围岩。围岩变形趋于稳定后，再施做内衬永久支护。复合衬砌结构一般由初期支护和二次支护组成，防水要求较高时须在初期支护和二次支护间增设防水层。

6. 连拱隧道结构

隧道设计中除考察工程地质、水文地质等相关条件外，同时受线路要求以及其他条件的制约，还需要考虑安全、经济、技术等方面的综合比较。因此，对于长度不是特别长的公路隧道（100~500m），尤其是处于地质、地形条件复杂及征地严格限制地区的中小隧道，常采用连拱隧道的形式。

二、一般技术要求

1. 衬砌截面类型和几何尺寸的确定

隧道衬砌结构类型应根据隧道围岩地质条件、施工条件和使用要求确定。

高速、一级、二级公路的隧道应采用复合式衬砌；

汽车横道、三级及三级以下公路隧道，在Ⅰ、Ⅱ、Ⅲ级围岩条件下，除洞口段外衬砌结构类型和尺寸，应根据使用要求、围岩级别、围岩地质条件和水文地质条件、隧道埋置位置、结构受力特点，并结合工程施工条件、环境条件，通过工程类比和结构计算综合分析确定。

在施工阶段，还应根据现场围岩监控量测和现场地质跟踪调查调整支护参数，必要时可通过试验分析确定。为了便于使用标准拱架模板和设备，确定衬砌的方案时，类型要尽量少，且同一跨度的拱圈内轮廓应相同。一般采取调整厚度和局部加筋等措施来适应不同的地质条件。

2.衬砌材料的选择

衬砌结构材料应具有足够的强度、耐久性和防水性。在特殊条件下，还要求具有抗侵蚀性和抗冻性等。从经济角度考虑，衬砌结构材料还要满足成本低、易于机械化施工等条件。

3.衬砌结构的一般构造要求

（1）混凝土的保护层

钢筋混凝土衬砌结构，受力钢筋的混凝土保护层最小厚度一般装配式衬砌为20mm，现浇衬砌内层为25mm、外层为30mm。若有侵蚀性介质作用时可增大到50mm，钢筋网喷射混凝土一般为20mm。随截面厚度的增加，保护层厚度也应适当增加。

（2）衬砌的超挖或欠挖

隧道结构施工中，洞室的开挖尺寸不可能与衬砌所设计的毛洞尺寸完全符合，这就产生了衬砌的超挖或欠挖问题。超挖通常会增加回填的工作量，而欠挖则不能保证衬砌截面尺寸，故对超、欠挖有一定的限制。衬砌允许的超欠挖均按设计毛洞计算。

现浇混凝土衬砌一般不允许欠挖，如出现个别点欠挖，欠挖部分进入衬砌截面的深度，不得超过衬砌截面厚度的1/4，并不得大于15cm，面积不大于1m²。通常隧道衬砌结构，平均超挖允许值不得超过 10 ~ 15cm，对于洞室的某些关键部位，如穹顶的环梁岩台、厚拱薄墙衬砌（及半衬砌）的拱座岩台、岔洞的周边等，超挖允许值更应该严格控制，一般不宜超过15cm。

（3）变形缝的设置

变形缝一般是指沉降缝和伸缩缝。沉降缝是为了防止结构因局部不均匀下沉引起变形断裂而设置的，伸缩缝是为了防止结构因热胀冷缩，或湿胀干缩产生裂缝而设置的。因此，沉降缝是为满足结构在垂直与水平方向上的变形要求而设置的，伸缩缝是为满足结构在轴线方向上的变形要求而设置的。沉降缝、伸缩缝的宽度大于20mm，应垂直于隧道轴线竖向设置。

三、分类

1.按照隧道所处的地质条件分为土质隧道和石质隧道。

2.按照隧道的长度分为短隧道（铁路隧道规定：L ≤ 500m；公路隧道规定：

L ≤ 500m）、中长隧道（铁路隧道规定：500 < L ≤ 3000m；公路隧道规定 500 < L < 1000m）、长隧道（铁路隧道规定：3000 < L ≤ 10000m；公路隧道规定 1000 ≤ L ≤ 3000m）和特长隧道（铁路隧道规定：L > 10000m；公路隧道规定：L > 3000m）。

3. 按照国际隧道协会（ITA）定义的隧道的横断面积的大小划分标准分为极小断面隧道（2 ~ 3m²）、小断面隧道（3 ~ 10m²）、中等断面隧道（10 ~ 50m²）、大断面隧道（50 ~ 100m²）和特大断面隧道（大于 100m²）。

4. 按照隧道所在的位置分为山岭隧道、水底隧道和城市隧道。

5. 按照隧道埋置的深度分为浅埋隧道和深埋隧道。

6. 按照隧道的用途分为交通隧道、水工隧道、市政隧道和矿山隧道。

第六节　隧道施工方法

一、施工方案概述

隧道按新奥法原理组织施工，均采用单口施工：从出口向进口方向施工。隧道施工采用大型机械快速施工，实行各工序的专业化、平行化施工。隧道工程施工开挖出碴、进料采用无轨运输方式，实施掘进（挖、装、运）、喷锚混凝土（拌、运、锚、喷）、衬砌（拌、运、灌、捣）等三条机械化作业线专业化、平行化施工。

隧道开挖采用台阶法或台阶分步法，在施工过程中严守"短进尺，弱爆破，强支护，早成环"的原则，彻底贯彻"新奥法"的设计思想，隧道开挖后立即施做初期支护，以封闭、保护围岩，控制围岩变形，使初期支护与围岩尽快形成"承载环"。根据现场监控量测结果及时修正设计参数、调整施工方案。

IV围岩的土质地段采用预留核心土台阶分步开挖法，人工配合机械开挖；II级、III级围岩的石质地段采用上下台阶法开挖，爆破采用光面爆破或预裂爆破技术，以降低爆破对围岩的扰动，喷混凝土采用湿喷技术。

隧道施工安排在雨季前完成洞门和明洞的开挖，并完成进洞施工。洞内施工开挖、出碴、初期支护、仰拱浇筑、片石回填与二次衬砌模筑混凝土顺序平行作业。隧道路面待贯通后统一施工。

二、施工工艺流程

隧道施工的基本工艺流程如下：布设施工测量控制网→测量放样→洞口明洞开挖、防护→仰坡防护施工→洞身开挖→通风、排烟→清帮、找顶→初喷 5cm 混凝土→监控量测→出渣→完成初期支护及辅助措施→仰拱→填充→边墙基础→初期支护变形量测稳定→防水层→二次衬砌→混凝土路面施工→复合式沥青路面面层施工→洞门及其他。

三、主要施工方法

（一）隧道开挖施工

1.洞口及明洞段开挖防护施工

施工顺序：截水沟定位→截水沟开挖→砌筑截水沟→边、仰坡开挖线放样→打小导管和锚杆孔→安装小导管和锚杆→小导管注浆→挂网→喷射混凝土→边、仰坡开挖完成（如需要可预留一定高度不开挖）→台阶分步法开挖进洞。

施工前，应布设满足规范要求的高等级测量控制网。施工时，根据定测的施工控制网，精确测设出洞门桩和进洞方向，并依据设计图纸放出边、仰坡开挖线和截水天沟位置，然后进行截水沟施工，并做好地面防排水设施，在洞口施工前，先做好边仰坡外的截水沟，避免地表水浸入围岩。

洞口明洞土石方施工采用大开挖，按自上而下的顺序进行，随挖随护。洞口仰坡土石方分两次开挖，第一次挖除隧道上下台阶分界线标高以上、成洞面以外部分，预留进洞台阶，并对坡面做锚喷支护；第二次开挖剩余部分，在上台阶进洞后进行。坡面的防护是隧道进洞阶段防止地表水浸入软化围岩，保证成洞面稳定的一个关键措施，要严格按设计要求施做锚杆加喷混凝土的防护。

洞口部分的喷混凝土、小导管、锚杆、挂钢筋网等防护的施工工艺参见洞身部分。

2.洞身Ⅱ、Ⅲ级、Ⅳ级围岩开挖

当洞口仰坡防护施工完成后，即可进行暗洞的开挖施工。洞口部分的暗洞围岩均为Ⅱ、Ⅲ、Ⅳ级围岩，为了确保施工安全，采用人工配合机械开挖的方法，个别机械开挖不动需爆破的地段，严守"短进尺，弱爆破，强支护，早成环"的原则，采用微震或预裂爆破或开挖核心土施工，并在施工中加强监控量测，根据量测结果，及时调整开挖方式和修正支护参数。

（1）施工工艺流程

中线、水平测量→喷混凝土封闭开挖面→超前小导管（锚杆）施工→注浆固结→上部环形断面开挖（或爆破）→喷混凝土封闭岩面→出渣→初喷5cm厚混凝土→打系统锚杆→挂钢筋网→立拱部钢架→拱部二次喷混凝土至设计厚度→核心土开挖（或爆破）→下部台阶开挖→下部初期支护→铺设防水层→模筑二次衬砌→沟槽路面施工。

（2）主要施工方法

1）水平、中线放样，钻眼施做套拱和超前管棚大支护、注浆加固围岩。

2）开挖环形拱部，开挖时预留核心土，这样既安全又利于操作，每循环进尺1.5m，核心土纵向长5m。

3）对拱部进行初期支护（喷、锚、网、钢架连接）；在开挖左右两侧围岩前，拱部初期支护基础一定要稳固，必要时打锁脚锚杆。

4）开挖核心土。

5）开挖下部围岩，边墙两侧必须错位开挖，错位距离 5m，挖至边墙底部。

6）进行下部初期支护。

7）二次衬砌顺序为先仰拱，后矮边墙，最后采用模板衬砌台车衬砌成型。

（3）Ⅲ级围岩开挖

隧道Ⅲ级围岩采用正台阶法开挖，光面爆破，周边眼间隔装药。

1）施工工艺如下：中线水平测量→超前钻孔探测地质→喷混凝土封闭开挖面→拱部超前支护、注浆固结→上半断面钻眼→装药连线→爆破→排烟除尘清危石→初喷 5 cm 厚混凝土→出渣→施工系统锚杆→上半断面二次喷混凝土→下半断面开挖→下半断面打径向锚杆→下半断面喷混凝土。

2）主要施工方法

①首先施做超前支护系统，并检查孔检查注浆效果，检查围岩开。

挖轮廓以外的固结深度，当固结深度满足要求后，就可进行开挖。

②上部开挖至拱腰。开挖时不留核心土，开挖面采用光面爆破，以控制围岩超欠挖。周边眼间距不宜大于 40cm，深度 2.0m ~ 3.0m，每循环进尺不大于 2.5m。开挖出渣完毕，立即初喷 5 cm厚的混凝土以封闭新开挖岩面。

③下部边墙两侧同时开挖，一次可进尺 3m。

④对局部松散破碎、富水地段，围岩自身稳定性较差，易发生围岩失稳，可采用Ⅱ类围岩施工方法，短进尺、弱爆破、强支护，并及时施做二次衬砌。

（二）初期支护及超前支护施工

本标段隧道初期支护主要形式有超前小导管、超前锚杆、C20 号喷射混凝土、Φ8 钢筋网、D25 注浆锚杆、Φ22 砂浆锚杆，格栅钢拱架、型钢钢架等。施工流程如下：初喷混凝土 5cm →锚杆施工→挂钢筋网→支立型钢钢架→超前小导管（超前锚杆）施工→复喷混凝土至设计厚度。

具体施工方法如下。

1.喷射混凝土施工

喷射混凝土施工采用湿喷技术，喷射机采用湿式混凝土喷射机。施工前首先用高压风自上而下吹净岩面，埋设控制喷射混凝土厚度的标志钉。混凝土由洞外拌和站集中拌料，混凝土运输车运到工作面。

在每循环开挖施工后，立即进行初喷混凝土，初喷厚度约5cm。喷射作业先从拱脚或墙脚自下而上，分段分片进行，以防止上部喷射回弹料虚掩拱脚而不密实；先将坑凹部分找平，然后喷射混凝土，使其平顺连续。喷射操作应设水平方向以螺旋形画圈移动，并使喷头尽量保持与受喷面垂直，喷嘴口至受喷面距离 0.6m ~ 1.0m，当所支护结构施工完成后分层复喷混凝土喷射至设计厚度，每层 5～6cm。对于支撑钢架，应做到其背面喷射密实，粘接紧密、牢固。

2. 施工系统锚杆和超前锚杆、挂设钢筋网

在初喷混凝土后及时进行锚杆安装作业，锚杆钻孔方向尽量与岩层主要结构面垂直。在用台阶法开挖时，初期支护连接处左右均需设不小于两根锁脚锚杆，确保初期支护不失稳。锚杆安设后及时进行挂网作业，人工铺网片时注意网片搭接宽度。钢筋网随受喷面的起伏铺设，间隙不小于 3cm，钢筋网连接牢固，保证喷射混凝土时钢筋网不晃动。

3. 钢架加工和安装

隧道设计的钢架有两种：格栅钢架和型钢钢架。施工时在洞外测设隧道钢架整体大样，依照整体大样根据所采用的施工方法，分片加工，逐段加工各单元，以保证各单元顺接。可分为共部和边墙来加工，以便施工安装。

（1）拱部单元：首先进行施工放样，确定钢拱架基脚位置，施做定位系筋，然后架设钢拱架，设纵向连接筋。墙部单元施工时在墙角部位铺设槽钢垫板，施做定位系筋，对应拱部单元钢拱架位置架设墙部单元钢拱架，栓接牢固，设纵向连接筋。

（2）墙部单元：在墙角部位铺设槽钢垫板，施做定位系筋，对应拱部单元钢架位置架设墙部单元钢架，栓接牢固，设纵向连接筋。

（3）施工注意事项：

1）保证钢架置于稳固的地基上，若地基较软弱，应在钢架施工前浇筑混凝土基础。

2）钢架平面应垂直于隧道中线，其倾斜度不小于 2°；钢架的任何部位偏离铅垂面不小于 5cm。

3）为增强钢架的整体稳定性，应将钢架与纵向连接筋、结构锚杆、定位系筋和锁脚锚杆焊接牢固。

4）拱脚部位易发生塑性剪切破坏，该部位钢拱架除用螺栓连接外，还应四面绑焊，确保接头的刚度和强度。

5）开挖初喷后应尽快架立拱架，一般架立时间不得超过 2h。

（4）超前小导管施工

施工步骤：

1）小导管制作

超前小导管采用 Φ42 无缝钢管，壁厚 3.5mm，管节长度 4.1 米。钢管四周梅花形钻 Φ10mm 出浆孔眼，孔间距 10cm，孔口部 1m 不钻孔。管体头部 10cm 长做成锥形，钢管尾部焊上 Φ6 钢筋箍。

2）小导管钻孔：首先严格按图纸要求定出孔位。小导管钻孔采用专门的小导管钻机。钻孔深度为 5m、钻孔直径为 60mm、钻孔夹角 a = 5°～7°。

3）小导管安设：导管沿周边按设计布设，导管在钢拱架之间穿过，导管安设后，用

速凝胶封堵孔口间隙，并在导管附近及工作面喷射混凝土，作为止浆墙。待喷射混凝土强度达到要求时再进行注浆。

4）小导管注浆

小导管设计采用注水泥浆进行围岩加固，并掺入外加剂。在注浆管预定的位置，用沾有胶泥的麻丝缠绕成不小于钻孔直径的纺锤形柱塞，把管子插入孔内，再用台车把管顶入孔内，距孔底 5 ~ 10cm。使麻丝柱塞与孔壁充分挤压紧，然后在麻丝与孔口空余部分填充胶泥，确保密实，防止跑浆。

（5）复喷混凝土至设计厚度

当锚杆、钢筋网和钢拱架全部施工完毕后，立即进行复喷混凝土。施工时分层喷射混凝土到设计厚度，每层 5 ~ 6cm 厚，钢架保护层不小于 2cm。整个喷射混凝土表面要平整、平顺。

（三）防水层施工

为保证防水层施工质量，拟采用无射钉悬托施工工艺、采用专用自行走式作业台架、可调式防水层作业台架施工，防水板接缝采用热粘法。防水层施工质量的好坏直接影响到隧道防水效果。

1. 考虑 10% ~ 15% 富余量，对防水卷材进行预粘接。粘接前，防水板接缝处应擦拭干净，搭接长度为 10cm，粘缝宽不小于 5cm，黏结剂涂刷均匀、充足。粘好后，接缝不得有气泡、褶皱及空隙。

2. 检查处理好岩面。喷射混凝土表面不得有锚杆头或钢筋断头外露，以防刺破防水板；对凹凸不平的部位应修凿喷补，使混凝土表面平顺；喷层表面漏水时，应及时引排。

3. 在模筑段前端岩面上按环向间距 1.0m 固定膨胀螺栓。作为托起防水卷材铁丝的固定点，另一端与已模筑段预留出的铁丝接牢。拉紧并固定铁丝，托起防水卷材。为保证防水层与岩面密贴，架立四道环向承托钢筋（Φ22），托起顶紧防水卷材。

4. 降缝采用中埋式橡胶止水带，施工缝处采用缓膨胀型橡胶止水条止水。

5. 橡胶止水带的安装：采用 Φ8 钢筋卡和定位钢筋固定在定型挡头板上，必须保证橡胶止水带质量，不扎孔，居中安装不偏不倒，准确定位，搭接良好。

缓膨型止水条安设程序如下：清洗混凝土表面→涂刷氯丁黏结剂→粘贴止水条→混凝土钉固定→灌注新混凝土。可在挡头模板中部环向钉 1 × 2cm 方木条，使挡头混凝土表面预留出止水条凹槽，再按上述程序施做将其固定在凹槽内。

（四）二次衬砌施工

1. 仰拱、边墙基础施工

二次衬砌施工前首先进行仰拱和衬砌矮边墙的施工。边墙基础模板采用钢、木组合模板，仰拱采用仰拱大样模板，加密测点，保证仰拱的设计拱度。

2.二次衬砌采用衬砌台车整体施工

隧道二次衬砌采用全液压自行式衬砌台车，混凝土灌注采用混凝土输送泵泵送，输送使用搅拌式混凝土输送车，洞外设自动计量混凝土拌和站。在组装大模板衬砌台车时要注意横向支撑的强度和刚度，控制混凝土灌注过程中模板的变形，保证净空要求，要求台车本身结构强度足够大。

（1）工艺流程：

测量放线→铺设轨道→防水层作业台架就位→净空检查→铺设无纺布及防水板→涂刷脱模剂→模板台车就位→调整并锁定→安装止水条、止水带及端模→混凝土入模→振捣→养生→脱模→养生。

（2）施工方法：

1）每次施工前都要先对防水层进行检查，合格后才开始衬砌施工。在施工过程中，对模板及时校正、整修，铲除表面混凝土碎屑和污物并均匀涂刷脱模剂。

2）灌注混凝土按规范操作，特别是封顶混凝土，从内向端模方向灌注，排除空气，保证拱顶灌注密实。

3）衬砌作业时注意预埋件、洞室的施做。隧道内电话、消防、照明、通风等预埋件、预埋盒、预埋管道很多，为使其按设计位置准确施工，稳妥牢固，且在衬砌台车设计时亦给予相应考虑。

4）混凝土输送时间不得超过混凝土初凝时间的一半，以防堵泵。经常检测混凝土的坍落度、和易性。

5）对泵送混凝土加强振捣，保证混凝土的密实，防止与初期支护之间产生空洞现象。二次衬砌混凝土强度达到2.5Mpa以上或接到监理工程师指令后才可脱模，并注意加强混凝土的养生，确保混凝土强度。

（3）人行横洞衬砌施工

可采用型钢拱架、组合钢模板，混凝土人工或输送泵入模，插入式振动棒振捣密实。在人行横洞与隧道衔接处严格模板安装，确保衔接平滑。

（五）隧道监控量测和地质预报

隧道监控量测为隧道施工的重点工序，项目部将成立专门的量测小组实施量测工作。

1.监控量测项目

根据招标文件要求按《公路隧道施工技术规范》（JTJ042-94）的有关规定实施监控量测。监控量测的方法和频率及测点布置严格按设计图纸和规范要求进行。

2.监控量测程序

3.数据处理及要求

（1）应及时对现场量测数据处理绘制位移—时间曲线和位移—空间关系曲线。

（2）当位移—时间曲线趋于平缓时，应进行数据处理或回归分析，以推算最终位移和掌握位移变化规律。

（3）当位移—时间曲线出现反弯点时，则表明围岩和支护已呈不稳定状态，此时应密切注意围岩动态，并加强支护，必要时暂停开挖。

（4）根据隧道周边实测位移值用回归分析推算其相对位移值。当位移速率无明显下降，而此时实测位移值已接近表列数值，或者喷层表面出现明显裂缝时，应立即采取补强措施，并调整原支护设计参数或施工方法。

（5）建立管理基准：当围岩的预计变形量确定后，即可按规范的要求建立管理基准，并根据管理基准，判断围岩的稳定状态，决定是否采取补强加固措施。

4. 隧道地质超前预报

本合同段隧道在施工过程中需加强超前地质预报指导施工，主要采取以下超前地质预报方法：隧道开挖面的地质素描、岩体结构面调查、TSP203 超前地质预报仪进行地质超前预报、超前钻孔预测等。

（六）隧道施工通风、排水

1. 本合同段隧道的单口掘进长度为 945 米，经过计算得出最大需风量，施工采用单口压入式通风，采用 1 台 55KW 子午加速式隧道轴流通风机和直径 Φ1000mm 风筒，能满足施工通风排烟的需要，风管采用带肋帆布管。

2. 通风注意事项

（1）为避免"循环风"现象出现，通风机进风口距隧道出风口的距离不得小于15m，通风管靠近工作面的距离不大于 15m。

（2）设立通风排烟作业班组，作业人员实行通风排烟值班。

3. 施工排水：隧道施工均为上坡隧道，施工废水是顺坡排水，通过隧道两侧的临时排水沟自然排出洞外；若仰拱混凝土、二次衬砌填充已完成，则从侧埋排水沟排出洞外。

4. 防尘措施：采用湿式凿岩机，经常性机械通风和洒水，出渣前向爆破后的石渣上洒水，定期向隧道内车行路线上洒水。

第七节　城市隧道建设

城市隧道，是指为适应铁路通过大城市的需要而在城市地下穿越的修建在地下或水下并铺设铁路供机车车辆通行的建筑物。根据国家有关规定设立的为铁路运输工具补充燃料的设施及办理危险货物运输的除外。在铁路线路两侧路堤坡脚、路堑坡顶、铁路桥梁外侧起各 1000 米范围内，及在铁路隧道上方中心线两侧各 1000 米范围内，禁止从事采矿、采石及爆破作业。

一、城市隧道设计主要要点

1.城市隧道作为城市的基础设施，承载着城市人民的生活和城市的发展，在城市隧道的设计上要有长远的打算，从全局和长久的角度来进行方案的设计。同时，也应预留适当的发展空间，有效地减小日后对隧道改造造成的一些不必要浪费。

2.城市隧道普遍位于城市的主城区，交通线路、地下管线和周边的地理条件较复杂，诸多因素导致对城市隧道的设计有一定的局限性。

3.城市隧道的修建主要是为了日后为人们提供更好的交通环境，在设计上一定要体现出"以人为本"的理念。出入口设置和施工的方法等都应该有精心的设计，在不影响周围群众的前提下应尽量做到节约投资，同时也应考虑到景观的要求。

4.对于城市隧道的设计来说，应采用与周边环境相结合的工法，尽量做到功效最大化、投资最小化。

5.城市隧道的浅埋暗挖法要求初期支护和二次衬砌需要分别承担100%的荷载，以此来保障施工以及运营的安全。浅埋暗挖法在这一点上与新奥法有着本质的不同，也是城市隧道在设计中最容易被忽视的部分。

二、城市隧道施工方法的选择

在选择城市隧道的施工方法时，应以工程范围内的土地质量、施工条件及隧道长度等为主要依据，将施工安全问题作为工程质量管理中的重点部分，此外，要与隧道的使用功能、机械设备以及施工的技术水平等因素进行综合性考虑，以此得出施工应选择的方法。

三、城市隧道的施工方法

城市隧道的施工方法主要有两种：一种是明挖法；另一种是暗挖法。明挖法主要有沉管法、盖挖法；暗挖法主要有顶管法、浅埋暗挖法等。

1.明挖法中的施工方法

（1）沉管法

沉管法一般用于穿越江河的浅埋隧道，但要确保施工现场能够满足条件，也会在其他的施工方法节约性较差的情况下采用沉管法。目前采用的较少，施工成本较高。

（2）明挖法

在城市隧道施工方法中，明挖法是普遍使用的一种施工方法，明挖法包含有支护和没有支护两种情况，在施工现场能够保证挖的条件下均可采用明挖法。

（3）盖挖法

盖挖法也是隧道施工的常用方法之一，适合在城市交通复杂、管线多次改迁或不能采用明挖法的条件下使用。盖挖法主要有两个优势：第一，能够有效地提升维护结构的可靠性和安全性，使临时支护的费用有所降低，同时也为工程安全提供了一定的保障；第二，盖挖法中可以使用大型的机械进行施工，能够有效提高出土的速度，施工期得到加快，从而达到减小交通影响、减小居民干扰的目的。

2.暗挖法的施工方法

（1）顶管法

顶管法一般应用在工程无法采用明挖法进行施工时的城市浅埋隧道，如下穿铁路等一些特殊的场合。顶管法在岩石层或是土质地层中都能够进行使用，在施工现场无法满足顶管的条件时，可通过降水或预加固等措施创造顶管施工条件。

（2）盾构法

目前在城市地铁区间段隧道的施工中最常用的就是盾构法，适用于埋深较大的隧道施工。在岩层或土质地层均适用，但对线性曲率半径较小段和水位较大段不适用。

（3）浅埋暗挖法

浅埋暗挖法在城市隧道的施工中可以算得上是最基本的施工方法，采用浅埋暗挖法施工时要注意对地层加固和对城市的管线保护，这是浅埋暗挖法的施工成败关键。

第八节　隧道盾构法建设

盾构法是暗挖法施工中的一种全机械化施工方法。它是将盾构机械在地中推进，通过盾构外壳和管片支承四周围岩防止发生往隧道内的坍塌。同时在开挖面前方用切削装置进行土体开挖，通过出土机械运出洞外，靠千斤顶在后部加压顶进，并拼装预制混凝土管片，形成隧道结构的一种机械化施工方法。

盾构机于1847年发明，它是一种带有护罩的专用设备。利用尾部已装好的衬砌块作为支点向前推进，用刀盘切割土体，同时排土和拼装后面的预制混凝土衬砌块。盾构机掘进的出碴方式有机械式和水力式，以水力式居多。水力盾构在工作面处有一个注满膨润土液的密封室。膨润土液既用于平衡土压力和地下水压力，又用作输送排出土体的介质。

盾构机既是一种施工机具，也是一种强有力的临时支撑结构。盾构机外形上看是一个大的钢管机，较隧道部分略大，它是设计用来抵挡外向水压和地层压力的。它包括三部分：前部的切口环、中部的支撑环以及后部的盾尾。大多数盾构的形状为圆形，也有椭圆形、半圆形、马蹄形及箱形等其他形式。

一、适用条件

在松软含水地层，或地下线路等设施埋深达到10m或更深时，可以采用盾构法。

1.线位上允许建造用于盾构进出洞和出碴进料的工作井；

2.隧道要有足够的埋深，覆土深度宜不小于6m且不小于盾构直径；

3.相对均质的地质条件；

4. 如果是单洞则要有足够的线间距，洞与洞及洞与其他建（构）筑物之间所夹土（岩）体加固处理的最小厚度为水平方向 1.0m、竖直方向 1.5m；

5. 从经济角度讲，连续的施工长度不小于 300m。

二、施工准备工作

采用盾构法施工时，首先要在隧道的始端和终端开挖基坑或建造竖井，用作盾构及其设备的拼装井（室）和拆卸井（室），特别长的隧道，还应设置中间检修工作井（室）。拼装和拆卸用的工作井，其建筑尺寸应根据盾构装拆的施工要求来确定。拼装井的井壁上设有盾构出洞口，井内设有盾构基座和盾构推进的后座。井的宽度一般应比盾构直径大 1.6~2.0m，以满足铆、焊等操作的要求。当采用整体吊装的小盾构时，则井宽可酌量减小。井的长度除了满足盾构内安装设备的要求外，还要考虑盾构推进出洞时，拆除洞门封板和在盾构后面设置后座，以及垂直运输所需的空间。中、小型盾构的拼装井长度，还要照顾设备车架转换的方便。盾构在拼装井内拼装就绪，经运转调试后，就可拆除出洞口封板，盾构推出工作井后即开始隧道掘进施工。盾构拆卸井设有盾构进口，井的大小要便于盾构的起吊和拆卸。

三、施工工序

采用盾构法施工时，首先要在隧道的始端和终端开挖基坑或建造竖井，用作盾构及其设备的拼装井（室）和拆卸井（室），特别长的隧道，还应设置中间检修工作井（室）。拼装和拆卸用的工作井，其建筑尺寸应根据盾构装拆的施工要求来确定。拼装井的井壁上设有盾构出洞口，井内设有盾构基座和盾构推进的后座。井的宽度一般应比盾构直径大 1.6~2.0m，以满足铆、焊等操作的要求。当采用整体吊装的小盾构时，则井宽可酌量减小。井的长度，除了满足盾构内安装设备的要求外，还要考虑盾构推进出洞时，拆除洞门封板和在盾构后面设置后座，以及垂直运输所需的空间。中、小型盾构的拼装井长度，还要照顾设备车架转换的方便。盾构在拼装井内拼装就绪，经运转调试后，就可拆除出洞口封板，盾构推出工作井后即开始隧道掘进施工。盾构拆卸井设有盾构进口，井的大小要便于盾构的起吊和拆卸。

其他施工主要有土层开挖、盾构推进操纵与纠偏、衬砌拼装、衬砌背后压铸等。这些工序均应及时而迅速地进行，决不能长时间停顿，以免增加地层的扰动和对地面、地下构筑物的影响。

（一）土层开挖

在盾构开挖土层的过程中，为了安全并减少对地层的扰动，一般先将盾构前面的切口贯入土体，然后在切口内进行土层开挖，开挖方式有以下几种：

1. 敞开式开挖

适用于地质条件较好、掘进时能保持开挖面稳定的地层。由顶部开始逐层向下开挖，可按每环衬砌的宽度分数次完成。

2. 机械切削式开挖

用装有全断面切削大刀盘的机械化盾构开挖土层。大刀盘可分为刀架间无封板的和有封板的两种，分别在土质较好的和较差的条件下使用。在含水不稳定的地层中，可采用泥水加压盾构和土压平衡式盾构进行开挖。

3. 挤压式开挖

使用挤压式盾构的开挖方式，又有全挤压和局部挤压之分。前者由于掘进时不出土或部分出土，对地层有较大的扰动，使地表隆起变形，因此隧道位置应尽量避开地下管线和地面建筑物。此种盾构不适用于城市道路和街坊下的施工，仅用于江河、湖底或郊外空旷地区。用局部挤压方式施工时，要根据地表变形情况，严格控制出土量，务必使地层的扰动和地表的变形减少到最低限度。

4. 网格式开挖

使用网格式盾构开挖时，要掌握网格的开孔面积。格子过大会丧失支撑作用，过小会产生对地层的挤压扰动等不利影响。在饱和含水的软塑土层中，这种掘进方式具有出土效率高、劳动强度低、安全性好等优点。

（二）推进纠偏

推进过程中，主要采取编组调整千斤顶的推力、调整开挖面压力以及控制盾构推进纵坡等方法操纵盾构位置和顶进方向。一般按照测量结果提供的偏离设计轴线的高程和平面位置值，确定下一次推进时需有若干千斤顶开动及推力的大小，用以纠正方向。此外，调整的方法也随盾构开挖方式有所不同，如敞开式盾构，可用超挖或欠挖来调整；机械切削开挖，可用超挖刀进行局部超挖来纠正；挤压式开挖，可用改变进土孔位置和开孔率来调整。

（三）衬砌拼装

常用液压传动的拼装机进行衬砌（管片或砌块）拼装。拼装方法根据结构受力要求，可分为通缝拼装和错缝拼装。通缝拼装是使管片的纵缝环环对齐，拼装较为方便，容易定位，衬砌圆环的施工应力较小，其缺点是环面不平整的误差容易积累。错缝拼装是使相邻衬砌圆环的纵缝错开管片长度的 1/2 ~ 1/3。错缝拼装的衬砌整体性好，但当环面不平整时，容易引起较大的施工应力。衬砌拼装方法按拼装顺序，又可分为先环后纵和先纵后环两种。先环后纵法是先将管片（或砌块）拼成圆环，然后用盾构千斤顶将衬砌圆环纵向顶紧。先纵后环法是将管片逐块先与上一环管片拼接好，最后封顶成环。这种拼装顺序，可轮流缩回和伸出千斤顶活塞杆以防止盾构后退，减少开挖面土体的走动。而先环后纵的拼装顺序，在拼装时需使千斤顶活塞杆全部缩回，极易产生盾构后退，故不宜采用。

（四）衬砌压注

为了防止地表沉降，必须将盾尾和衬砌之间的空隙及时压注充填。压注后还可改善衬砌受力状态，并增进衬砌的防水效果。压注的方法有二次压注和一次压注。二次压注是在盾构推进一环后，立即用风动压注机通过衬砌上的预留孔，向衬砌背后的空隙内压入豆粒砂，以防止地层坍塌；在继续推进数环后，再用压浆泵将水泥类浆体压入砂间空隙，使之凝固。因压注豆粒砂不易密实，压浆也很难充满砂间空隙，不能防止地表沉降，已趋于淘汰。一次压注是随着盾构推进，当盾尾和衬砌之间出现空隙时，立即通过预留孔压注水泥类砂浆，并保持一定的压力，使之充满空隙。压浆时要对称进行，并尽量避免单点超压注浆，以减少对衬砌的不均匀施工荷载；一旦压浆出现故障，应立即暂停盾构的推进。盾构法施工时，还需配合进行垂直运输和水平运输，以及配备通风、供电、给水和排水等辅助设施，以保证工程质量和施工进度，同时还需准备安全设施与相应的设备。

第六章　市政工程项目施工管理

第一节　施工项目管理

一、施工项目

1.施工项目的概念

施工企业自工程施工投标开始到保修期满为止的全过程中完成的项目，是指作为施工企业被管理对象的一次性施工任务，简称施工项目。

建筑项目与施工项目的范围和内容虽然不同，但两者均是项目，服从于项目管理的一般规律，两者所进行的客观活动共同构成工程活动的整体。施工企业需要按建筑单位的要求交付建筑产品，两者是建筑产品的买卖双方。

2.施工项目的特点

（1）施工项目可以是建筑项目，也可以是其中的一个单项工程或单位工程的施工活动过程。

（2）施工项目以建筑施工企业为管理主体。

（3）施工项目的任务范围受限于项目业主和承包施工的建筑施工企业所签订的施工合同。

（4）施工项目产品具有多样性、固定性、体积庞大等特点。

二、施工项目管理概述

1.施工项目管理的概念

施工项目管理是施工企业运用系统的观点、理论和科学技术对施工项目进行计划、组织、监督、控制、协调等全过程、全方位的管理，实现按期、优质、安全、低耗的项目管理目标。它是整个建筑工程项目管理的一个重要组成部分，其管理的对象是施工项目。

2.施工项目管理的特点

（1）施工项目的管理者是建筑施工企业

由业主或监理单位进行的工程项目管理中涉及的施工阶段管理仍属建筑项目管理，不能算作施工项目管理，即项目业主和监理单位都不进行施工项目管理。项目业主在建筑工程项目实施阶段，进行建筑项目管理时涉及施工项目管理，但只是建筑工程项目发包方和承包方的关系，是合同关系，不能算作施工项目管理。监理单位受项目业主委托，在建筑工程项目实施阶段进行建筑工程监理，把施工单位作为监督对象，虽与施工项目管理有关，但也不是施工项目管理。

（2）施工项目管理的对象是施工项目

施工项目管理的周期就是施工项目的生产周期，包括工程投标、签订工程项目承包合同、施工准备、施工及交工验收等。施工项目管理的主要特殊性是生产活动与市场交易活动同时进行，先有施工合同双方的交易活动，后才有建筑工程施工，是在施工现场预约、订购式的交易活动，买卖双方都投入生产管理。所以施工项目管理是对特殊的商品、特殊的生产活动，在特殊的市场上进行的特殊交易活动的管理，其复杂性和艰难性都是其他生产管理所不能比拟的。

（3）施工项目管理的内容是按阶段变化的

施工项目必须按施工程序进行施工和管理。从工程开工到工程结束，要经过一年甚至十几年的时间，经历施工准备、基础施工、主体施工、装修施工、安装施工、验收交工等多个阶段，每一个工作阶段的工作任务和管理的内容都有所不同。因此，管理者必须做出设计、提出措施，进行有针对性的动态管理，使资源优化组合，以提高施工效率和施工效益。

（4）施工项目管理要求强化组织协调工作

由于施工项目生产周期长，参与施工的人员多，施工活动涉及许多复杂的经济关系、技术关系、法律关系、行政关系和人际关系等，所以施工项目管理中的组织协调工作最为艰难、复杂、多变，必须采取强化组织协调的措施才能保证施工项目顺利实施。

3. 施工项目管理的目标

施工方作为项目建筑的一个参与方，其项目管理主要服务于项目的整体利益和施工方本身的利益，其项目管理的目标包括施工的安全管理目标、施工的成本目标、施工的进度目标和施工的质量目标。

4. 施工项目管理的任务

施工项目管理的主要任务包括下列内容：

（1）施工项目职业健康安全管理；

（2）施工项目成本控制；

（3）施工项目进度控制；

（4）施工项目质量控制；

（5）施工项目合同管理；

（6）施工项目沟通管理；

（7）施工项目收尾管理。

施工方的项目管理工作主要在施工阶段进行，但由于设计阶段和施工阶段在时间上往往是交叉的，因此，施工方的项目管理工作也会涉及设计阶段。在动用资金前准备阶段和保修期施工合同尚未终止，在这期间，还有可能出现涉及工程安全、费用、质量、合同和信息等方面的问题，因此，施工方的项目管理也涉及动工前准备阶段和保修期。

三、施工项目管理程序

1. 投标与签订合同阶段

建筑单位对建筑项目进行设计和建筑准备，在具备了招标条件以后，便发出招标公告或邀请函。施工单位见到招标公告或邀请函后，从做出投标决策至中标签约，实质上便是在进行施工项目的工作，本阶段的最终管理目标是签订工程承包合同，并主要进行以下工作：

（1）建筑施工企业从经营战略的高度做出是否投标争取承包该项目的决策。

（2）决定投标以后，从多方面（企业自身、相关单位，市场、现场等）掌握大量信息。

（3）编制能使企业盈利又有竞争力的标书。

（4）如果中标，则与招标方谈判，依法签订工程承包合同，使合同符合国家法律、法规和国家计划，符合平等互利的原则。

2. 施工准备阶段

施工单位与投标单位签订了工程承包合同，交易关系正式确立以后，便应组建项目经理部，然后以项目经理为主，与企业管理层、建筑（监理）单位配合，进行施工准备，使工程具备开工和连续施工的基本条件。

这一阶段主要进行以下工作：

（1）成立项目经理部，根据工程管理的需要建立机构，配备管理人员。

（2）制订施工项目管理实施规划，以指导施工项目管理活动。

（3）进行施工现场准备，使现场具备施工条件，有利于进行文明施工。

（4）编写开工申请报告，等待批准开工。

3. 施工阶段

这是一个自开工至竣工的实施过程，在这一过程中，施工项目经理部既是决策机构，又是责任机构。企业管理层、项目业主、监理单位的作用是支持、监督与协调。这一阶段的目标是完成合同规定的全部施工任务，达到验收、交工的条件。这一阶段主要进行以下工作：

（1）进行施工。

（2）施工过程中努力做好动态控制工作，保证质量目标、进度目标、成本目标、安全目标和赢利目标的实现。

（3）管理好施工现场，实行文明施工。

（4）严格履行施工合同，处理好内外关系，管理好合同变更及索赔。

（5）做好记录、协调、检查和分析工作。

4. 验收、交工与结算阶段

这一阶段可称作"结束阶段"，与建筑项目的竣工验收阶段协调同步进行。其目标是对成果进行总结、评价，对外结清债权债务，结束交易关系。本阶段主要进行以下工作：

（1）工程结尾；

（2）进行试运转；

（3）接受正式验收；

（4）整理、移交竣工文件，进行工程款结算，总结工作，编制竣工总结报告；

（5）办理工程交付手续，项目经理部解体。

5. 使用后服务阶段

这是施工项目管理的最后阶段，即在竣工验收后，按合同规定的责任期提供用后服务，回访与保修，其目的是保证使用单位正常使用，发挥效益。该阶段主要进行以下工作：

（1）为保证工程正常使用而做的必要的技术咨询和服务。

（2）进行工程回访，听取使用单位的意见，总结经验教训，观察使用中的问题，进行必要的维护、维修和保修。

（3）进行沉陷、抗震等性能的观察。

第二节　施工项目技术管理

一、施工项目技术管理的重要性

市政工程项目施工管理的目标就是在确保合同规定的工期和质量要求的前提下，力求降低工程施工成本，追求施工的最大利润。要达到保证工程质量，保证按期交工，同时还要力求降低工程施工成本，就要在工程施工管理过程中抓好技术管理工作。通过技术管理工作，做好施工前各项准备，加强施工过程重点、难点控制，科学管理现场施工，优化配置，提高劳动生产率，降低资源消耗，进而达到质量、进度和成本多方面的和谐统一。简单来说，做好施工技术管理工作就能掌握工程施工的重心，为工程顺利实施提供最好的服务和保障。

二、施工技术管理工作的内容

施工项目技术管理工作具体包括技术管理基础性工作、施工过程的技术管理工作、技术开发管理工作、技术经济分析与评价等。项目经理部应根据项目规模设置项目技术负责人，项目经理部必须在企业总工程师和技术管理部门的指导下，建立技术管理体系。项目经理部的技术管理应执行国家技术政策和企业的技术管理制度，项目经理部可自行制定特殊的技术管理制度，并经总工程师审批。施工项目技术管理工作主要有以下两个方面的内容。

1. 日常性的技术管理工作

日常性技术管理工作是施工技术管理工作的基础，包括制定技术措施和技术标准；编制施工管理规划；施工图纸的熟悉、审查和会审；组织技术交底；建立技术岗位责任制；严格贯彻技术规范和规程；执行技术检验和规程；监督与控制技术措施的执行，处理技术问题等；技术情报、技术交流、技术档案的管理工作，以及工程变更和变更洽谈等。

2. 创新性的技术管理工作

创新性技术管理工作是施工技术管理工作的进一步提高，包括进行技术改造和技术创新；开发新技术、新结构、新材料、新工艺；组织各类技术培训工作；根据需要制定新的技术措施和技术标准等。

三、建立技术岗位责任制

建立技术岗位责任制是对各级技术人员建立明确的职责范围，以达到各负其责、各司其职，充分调动各级技术人员的积极性和创造性。虽然项目技术管理不能仅仅依赖于单纯的工程技术人员和技术岗位责任制，但是技术岗位责任制的建立，对于搞好项目基础技术工作，对于认真贯彻国家技术政策，对于促进生产技术的发展和保证工程质量都有着极为重要的作用。

1. 技术管理机构的主要职责

（1）组织贯彻执行国家有关技术政策和上级颁发的技术标准、规定、规程和个性技术管理制度。

（2）按各级技术人员的职责范围分工负责，做好日常性的技术业务工作。

（3）负责收集和提供技术情报、技术资料、技术建议和技术措施等。

（4）深入实际，调查研究，进行全过程的质量管理，进行有关技术咨询，总结和推广先进经验。

（5）科学研究，开发新技术，负责技术改造和技术革新的推广应用。

2. 项目经理的主要职责

为了确保项目施工的顺利进行、杜绝技术问题和质量事故的发生、保证工程质量、提高经济效益，项目经理应抓好以下技术工作：

（1）贯彻各级技术责任制，明确中级人员组织和职责分工。

（2）组织审查图纸，掌握工程特点与关键部位，以便全面考虑施工部署与施工方案。

（3）决定本工程项目拟采用的新技术、新工艺、新材料和新设备。

（4）主持技术交流，组织全体技术管理人员对施工图和施工组织的设计、重要施工方法和技术措施等进行全面深入的讨论。

（5）进行人才培训，不断提高职工的技术素质和技术管理水平。一方面为提高业务能力组织专题技术讲座；另一方面应结合生产需要，组织学习规范规程、技术措施、施工组织设计以及与工程有关的新技术等。

（6）深入现场,经常检查重点项目和关键部位;检查施工操作、原材料使用、检验报告、工序搭接、施工质量和安全生产等方面的情况,对出现的问题、难点、薄弱环节,要及时提交给有关部门和人员研究处理。

3.各级技术人员的主要职责

（1）总工程师的主要职责

总工程师是施工项目的技术负责人,对重大技术问题中的技术疑难问题有权做出决策。其主要职责如下:全面负责技术工作和技术管理工作;贯彻执行国家的技术政策、技术标准、技术规程、验收规范和技术管理制度等;组织编制技术措施纲要及技术工作总结;领导开展技术革新活动,审定重大的技术革新、技术改造和合理化建议;组织编制和实施科技发展规划、技术革新计划和技术措施计划;组织编制和审批施工组织设计和重大施工方案,组织技术交底,参加竣工验收;参加引进项目的考察和谈判;主持技术会议,审定签发技术规定、技术文件,处理重大施工技术问题;领导技术培训工作,审批技术培训计划。

（2）专业工程师的主要职责

专业工程师的主要职责:主持编制施工组织设计和施工方案,审批单位工程的施工方案;主持图纸会审和工程的技术交底;组织技术人员学习和贯彻执行各项技术政策、技术规程、规范、标准和各项技术管理制度;组织制定保证工程质量和安全的技术措施,主持主要工程的质量检查,处理施工质量和施工技术问题;负责技术总结,汇总竣工资料及原始技术凭证;编制专业的技术革新计划,负责专业的科技情报、技术革新、技术改造和合理化建议,对专业的科技成果组织鉴定。

（3）单位工程技术负责人的主要职责

单位工程技术负责人的主要职责:全面负责施工现场的技术管理工作;负责单位工程图纸审查及技术交流;参加编制单位工程的施工组织设计,并贯彻执行;负责贯彻执行各项专业技术标准,严格执行验收规范和质量鉴定标准;负责技术复核工作,如对轴线、标高及坐标等的复核;负责单位工程的材料检验工作;负责整理技术档案原始资料及施工技术总结,绘制竣工图;参加质量检查和竣工验收工作。

第三节　施工项目质量控制

一、质量控制概述

1.质量控制的定义

2008版GB/T19000-ISO9000族标准中,质量控制的定义是:质量控制是质量管理的一部分,致力于满足质量要求。上述定义可以从以下几方面去理解。

（1）质量控制是质量管理的重要组成部分,其目的是使产品、体系或过程的固有特性达到规定的要求，即满足顾客、法律、法规等方面所提出的质量要求，如适用性、安全性等。所以，质量控制是通过采取一系列的作业技术和活动对各个过程实施控制的。

（2）质量控制的工作内容包括作业技术和活动，也就是包括专业技术和管理技术两个方面。在产品形成全过程的每一阶段，应对影响其质量的人、机、料、法、环（4M1E）因素进行控制，并对质量活动的成果进行分阶段验证，以便及时发现问题、查明原因、采取相应纠正措施、防止不合格的发生。因此，质量控制应贯彻预防为主与检验把关相结合的原则。

（3）质量控制应贯穿在产品形成和体系运行的全过程。每一个过程都有输入、转化和输出三个环节，通过对每一个过程的三个环节实施有效控制，对产品质量有影响的各个过程处于受控状态，持续提供符合规定的产品才能得到保障。

2. 影响工程质量的因素

影响工程质量的因素很多，但归纳起来主要有五个方面，即人、材料、机械、方法和环境。

（1）人员素质

人是生产经营活动的主体，也是工程项目建筑的决策者、管理者、操作者，工程建设的全过程，如项目的规划、决策、勘察、设计和施工都是通过人来完成的。人员的素质直接和间接地对规划、决策、勘察、设计和施工的质量产生影响，而规划是否合理、决策是否正确、设计是否符合所需要的质量功能，施工能否满足合同、规范、技术标准的要求等，都将对工程质量产生不同程度的影响，所以人员素质是影响工程质量的一个重要因素。行业实行经营资质管理和各类专业从业人员持证上岗制度是保证人员素质的重要管理措施。

（2）工程材料

工程材料泛指构成工程实体的各类建筑材料、构配件、半成品等，它们是工程建设的物质条件，是工程质量的基础。工程材料选用是否合理、产品是否合格、材质是否经过检验、保管使用是否得当等，都将直接影响建筑工程的结构刚度和强度，影响工程外表及观感，影响工程的使用功能和使用安全。

（3）机械设备

机械设备可分为两类：一是指组成工程实体及配套的工艺设备和各类机具，如水泵、电梯、电动机、通风设备等，它们构成了建筑设备安装工程或工业设备安装工程，形成完整的使用功能；二是施工过程中使用的各类机具设备，包括大型垂直与水平运输设备、各类操作工具。各种施工安全设施、各类测量仪器和计量器具等简称施工机具设备，它们是施工生产的手段。机具设备对工箱质量也有重要的影响，工程用机具设备的产品质量优劣直接影响着工程的使用功能。施工机具设备的类型是否符合工程施工特点、性能是否先进稳定、操作是否方便安全等，都会影响工程项目的质量。

（4）施工方法

施工方法是指施工现场采用的施工方案，包括技术方案和组织方案。前者如施工工艺和作业方法，后者如施工区段空间划分及施工流向顺序、劳动组织等。在工程施工中，施工方案是否合理、施工工艺是否先进、施工操作是否正确，都将对工程质量产生重大的影响。大力推广新技术、新工艺、新方法，不断提高工艺技术水平，是保证工程质量稳定提高的重要因素。

（5）环境条件

环境条件是指对工程质量特性起重要作用的环境因素，包括工程技术环境，如工程地质、水文、气象等；工程作业环境，如施工环境作业面大小、防护设施、通风照明和通信条件等；工程管理环境，主要指工程实施的合同结构与管理关系的确定，组织体制及管理制度等；周边环境，如工程邻居的地下管线、建（构）筑物等。环境条件往往对工程质量产生特定的影响。加强环境管理、改进作业条件、把握好技术环境、辅以必要的措施，是质量控制的重要保证。

二、质量控制的系统过程

工程施工是使工程设计意图最终实现并形成工程实体的阶段，也是最终形成工程产品质量和工程项目使用价值的重要阶段，因此，施工阶段的质量控制是工程项目质量控制的重点。质量控制的系统过程就是要围绕影响工程质量的各种因素，对工程项目的施工进行有效的监督和管理。

1.施工质量控制的系统过程

由于施工阶段是使工程设计意图最终实现并形成工程实体的阶段，是最终形成工程实体质量的过程，所以施工阶段的质量控制是一个由对投入的资源和条件进行质量控制，进而对生产过程及各环节质量进行控制，直到对所完成的工程产出品进行质量检验与控制的全过程的系统控制过程。这个过程可以根据施工阶段工程实体质量形成的时间阶段不同来划分，也可以根据施工阶段工程实体形成过程中物质形态的转化来划分，或将施工的工程项目作为一个大系统，按施工层次加以分解来划分。

（1）按工程实体质量形成过程的时间阶段划分

施工阶段的质量控制可以分为以下三个环节：

①质量预控，指在各工程对象正式施工活动开始前，对各项准备工作及影响质量的各因素进行控制，这是确保施工质量的先决条件。

②质量过程控制，指在施工过程中对实际投入的生产要素质量及作业技术活动的实施状态和结果所进行的控制，包括作业者发挥技术能力过程的自控行为和来自有关管理者的监控行为。质量过程控制的时间周期长，具体内容繁杂。对于不同的建筑结构，对过程的不同部位及针对不同的要求，质量过程控制都有不同的具体内容和控制要点，所以要具体分析和对待。

③质量检验控制，也称过程质量验收。与一般工业产品的出厂检验不同，过程质量验收由许多中间环节验收组成，如分部工程验收、分项工程验收、结构验收、隐蔽工程验收、

各专业验收等，最后再进行单位工程施工质量竣工验收。

（2）按工程实体形成过程中物质形态转化的阶段划分

由于工程对象的施工是一项物质生产活动，所以施工阶段的质量控制系统过程也是由以下三个阶段的系统控制过程组成的。

①对投入的物质资源质量的控制。

②施工过程质量控制，即在投入的物质资源转化为工程产品的过程中，对影响产品的各因素、各环节及中间产品的质量进行控制。

③对已完成工程产出品质量的控制与验收。

在上述三个阶段的系统过程中，前两个阶段对最终产品质量的形成具有决定性的作用，而所有投入的物质资源的质量控制对最终产品质量又具有举足轻重的影响，所以，质量控制的系统过程中，无论是对投入物质资源的控制，还是对施工即安装生产过程的控制，都应当对影响工程实体质量的五个重要因素，即施工有关人员因素、材料（包括半成品、购配件）因素、机械设备因素（生产设备，即施工设备）、施工方法（施工方案及工艺）因素以及环境因素等进行全面的控制。

（3）按工程项目施工层次划分

通常任何一个大中型建筑工程项目都可以划分为若干层次。例如，对于建筑工程项目按照国家标准可以划分为单位工程、分部工程、分项工程、检验批等层次，各组成部分之间具有一定的施工先后顺序的逻辑关系。其中，施工工序的质量控制是最基本的质量控制，它决定了有关检验批的质量，检验批的质量又决定了分项工程的质量，分项工程的质量又决定了分部工程的质量，而分部工程的质量又决定了单位工程的质量。

2. 工序质量控制

工程质量控制要落实到可操作的施工工序中去。

（1）加强材料设备的进场验收。

对主要材料、半成品、成品、建筑构配件、设备规定了进场验收分三个层次进行。

①进入现场都应进行验收。

②凡涉及安全、功能的有关产品，应按有关专业的规范进行复验，不经监理工程师检查认可签字，不得用于工程中。

③按规定条件和要求，进行堆存、保管和加工。

（2）完善工序质量的控制，按"三点制"的质量控制制度实施。

①控制点。按工序的工艺流程，在各点按技术标准进行质量控制，称为质量控制点。对质量控制点提出控制措施进行质量控制，使工艺流程中的每个点都能达到质量要求。

②检查点。在工艺流程中，找出比较重要的控制点施行质量检查，以说明质量控制措施的有效性和控制效果。这种检查不必停产进行。

③停止点。在重要质量控制点和检查点进行全面的检查，结果填入检验批自行检验评定表。这种检查要求停产进行，有班组自检和项目专业的质量员自行检验两种方式。

（3）各工序完成之后或各专业工种之间进行交接检验。

为了使后道工序质量得到保证，并分清质量责任，每道工序完成后，要进行工序质量检验，形成质量记录，这实际上是对工程质量的合格控制。

三、质量控制的依据和程序

1.质量控制的依据

施工阶段进行施工质量控制的依据可以分为共同性依据和技术法规性依据两类。

（1）共同性依据

①工程承包合同文件；

②设计文件；

③国家及有关部门颁布的有关质量的法律和法规性文件。

（2）技术法规性文件

①施工质量验收标准规范；

②原材料、构配件质量方面的技术法规；

③施工工序质量方面的技术法规；

④采用"四新"技术的质量政策性规定。

2.质量控制的程序

施工质量控制不仅要对最终产品进行检查、验收，而且要对生产中各环节或中间产品进行监督、检查和验收。这是全过程、全方位的中间性的质量管理。

在每项工程开始前，施工单位均需做好施工准备工作，并附上该项工程的施工计划以及相应的工作顺序安排、人员及机械设备配置、材料准备情况等，报送工程师审查，审查合格后才能开工。否则，需进一步做好施工准备，待条件具备时，再申请开工。

在施工过程中，监理工程师应督促施工单位加强内部质量管理，严格质量控制。每道工序均应按规定工艺和技术要求进行施工。在每道工序完成后，施工单位应进行自检，自检合格后，填报"报验申请表"交监理工程师请求检验，监理工程师在规定时间内进行检验，合格后予以确认。在施工质量控制过程中，涉及结构安全的试块、试件以及有关的材料应按规定进行见证取样。

只有上一道工序被确认质量合格，才能进入下一道工序的施工，按上述程序逐道工序反复重复上述过程。当一个检验批、分项工程、分部工程完成后，施工单位首先进行自检，合格后报监理单位要求验收，监理工程师在规定时间内对施工单位的"报验申请表"报验的内容进行检验，合格后予以确认，否则返工或整改。若干道工序均被确认合格，最后一个分项工程或分部工程完工后，施工单位即可提交竣工验收申请。具体验收主体如下：

（1）检验批由监理工程师（建筑单位项目技术负责人）组织施工单位专业质量（技术）负责人等进行验收。

（2）分项工程由监理工程师（建筑单位项目技术负责人）组织施工单位专业质量（技

术）负责人等进行验收。

（3）分部工程（子分部工程）由总监理工程师（建筑单位项目负责人）组织施工单位项目负责人和技术、质量负责人等进行验收，地基与基础、主体结构分部工程的勘察、设计单位工程项目负责人和施工单位技术、质量部门负责人也应参加相关分部工程验收。

（4）单位工程（子单位工程）由施工单位自行组织有关人员进行检查评定，并向建筑单位提交工程验收报告；再由建筑单位（项目）负责人组织施工（含分包单位）、设计、监理等单位（项目）负责人进行验收；验收合格后，建筑单位在规定时间内将工程竣工验收报告和有关文件报建筑行政管理部门备案。当建筑工程质量不符合要求时，应按规定进行处理，对通过返修或加固处理后仍不能满足安全使用要求的分部工程、单位工程，严禁验收。

四、质量控制的原则和目标

1. 质量控制的原则

在进行质量控制过程中，应遵循以下原则：

（1）坚持质量第一的原则。建筑产品使用寿命长，其质量直接关系人民的生命、财产安全，所以，要把"百年大计、质量第一"作为工程施工项目质量控制的基本原则。

（2）把人作为质量控制的动力。人是质量的创造者，要发挥人的积极性和创造性，增强人的责任感，提高人的素质，避免失误，以人的工作质量保证工序质量、过程质量。

（3）坚持预防为主。要重点做好质量的事前控制和事中控制，严格对工作质量、工序质量和中间产品质量进行检查，这是保证工程质量的有效措施。

（4）坚持质量标准。质量标准是评价工程质量的尺度，数据是质量控制的基础，产品质量要满足质量标准的要求，要以数据为依据。

（5）贯彻科学、公正、守法的职业规范。在控制过程中应尊重事实、尊重科学，客观公正、遵纪守法、严格要求。

2. 质量控制目标

工程施工质量控制目标就是达到施工图及施工合同所规定的要求，满足国家相关的法律法规。通常工程质量控制目标可分解为工作质量控制目标、工序质量控制目标和产品质量控制目标。

在一般情况下，工作质量决定工序质量，而工序质量决定产品质量。因此，必须通过提高工作质量来保证和提高工序质量，从而达到所要求的产品质量。

项目施工质量控制，就是在施工过程中，采取必要的技术和管理手段保证最终建筑工程质量。

第四节　施工项目安全管理

一、施工项目安全管理概述

1. 施工安全生产的特点

（1）产品的固定性导致作业环境的局限性

建筑产品坐落在一个固定的位置上，导致必须在有限的场地和空间上集中大量的人力、物资、机具来进行交叉作业，导致作业环境的局限性，因而容易产生物体打击等伤亡事故。

（2）露天作业导致作业条件的恶劣性

建筑工程施工大多是在露天空旷的地上完成的，导致工作环境相当艰苦，容易发生伤亡事故。

（3）体积庞大带来了施工作业的高空性

建筑产品的体积十分庞大，操作工人大多在十几米，甚至几百米上进行高空作业，因而容易产生高空坠落的伤亡事故。

（4）流动性大，工人素质低增加了安全管理的难度

由于建筑产品的固定性，当这一产品完成后，施工单位就必须转移到新的施工地点去，施工人员流动性大、素质较差，要求安全管理举措必须及时、到位，增加了施工安全管理的难度。

（5）手工操作多、体力消耗大、强度高导致个体劳动保护任务艰巨

在恶劣的作业环境下，施工工人的手工操作多、体能耗费大，劳动时间和劳动强度都比其他行业要大，其职业危害严重，带来了个人劳动保护的艰巨性。

（6）产品多样性、施工工艺多变性要求安全技术措施和安全管理必须及时到位

建筑产品多样施工生产工艺复杂多变，如一条道路从路基、路面，各道施工工序均有其不同的特性，不安全的因素各不相同。同时，随着工程建设进度，施工现场的不安全因素也在随时变化，要求施工单位必须针对工程进度和施工现场实际情况及时采取安全技术措施和安全管理措施予以保证。

（7）施工场地窄小带来了多工种立体交叉

近年来建筑由低向高发展，施工现场却由宽到窄发展致使施工场地与施工条件要求的矛盾日益突出，多工种交叉作业增加，导致机械伤害、物体打击事故增多。

施工安全生产的上述特点，决定了施工生产的安全隐患多存在于高空作业、交叉作业、垂直运输、个体劳动保护以及使用电气工具上，伤亡事故也多发生在高空坠落、物体打击、机械伤害、起重伤害、触电、坍塌等方面。同时新、奇、个性化的建筑产品的出现给建筑

施工带来了新的挑战，也给建筑工程安全管理和安全防护技术提出了新的要求。

2. 施工现场不安全因素

（1）人的不安全因素

人的不安全因素是指影响安全的人的因素，即能够使系统发生故障或发生性能不良的事件的人员个人的不安全因素和违背设计和安全要求的错误行为。人的不安全因素可分为个人的不安全因素和人的不安全行为两大类。

个人的不安全因素是指人员的心理、生理、能力中所具有的不能适应工作、作业岗位要求的影响安全的因素。个人的不安全因素主要包括以下几种：

①心理上的不安全因素，指人在心理上具有影响安全的性格、气质和情绪，如懒散、粗心等。

②生理上的不安全因素，包括视觉、听觉等感觉器官及体能、年龄、疾病等不适合工作或作业岗位要求的影响因素。

③能力上的不安全因素，包括知识技能、应变能力、资格等不能适应工作和作业岗位要求的影响因素。

人的不安全行为是指造成事故的人为错误，是人为地使系统发生故障或发生性能不良事件，是违背设计和操作规程的错误行为。

不安全行为产生的主要原因：系统、组织的原因，思想责任性及工作原因。其中，工作原因产生不安全行为的影响因素包括工作知识的不足或工作方法不适当；技能不熟练或经验不充分；作业的速度不适当；工作不当，但又不听或不注意管理提示。

分析事故原因，绝大多数事故不是因技术解决不了造成的，而是违章所致，因而必须重视和防止产生人的不安全因素。

（2）物的不安全状态

物的不安全状态是指能导致事故发生的物质条件，包括机械设备等物质或环境所存在的不安全因素。

（3）管理上的不安全因素

管理上的不安全因素通常也称为管理上的缺陷，也是事故潜在的不安全因素。

3. 施工安全管理的任务

（1）正确贯彻执行国家和地方的安全生产、劳动保护和环境卫生的法律法规、方针政策和标准规程，使施工现场安全生产工作做到目标明确，组织、制度、措施落实，保障施工安全。

（2）建立完善施工现场的安全生产管理制度，制定本项目的安全技术操作规程，编制有针对性的安全技术措施。

（3）组织安全教育，提高职工安全生产素质，促使职工掌握生产技术知识，遵章守纪地进行施工生产。

（4）运用现代管理和科学技术，选择并实施实现安全目标的具体方案，对本项目的安全目标的实现进行控制。

（5）按"四不放过"的原则对事故进行处理，并向政府有关安全管理部门汇报。

4.施工安全管理实施程序

（1）确定项目的安全目标

按"目标管理"方法在以项目经理为首的项目管理系统内进行分解，从而确定每个岗位的安全目标，实现全员安全控制。

（2）编制项目安全技术措施计划

对生产过程中的不安全因素，用技术手段加以消除和控制，并用文件化的方式表示。这是落实"预防为主"方针的具体体现，是进行工程项目安全控制的指导性文件。

（3）安全技术措施计划的落实和实施

安全技术措施计划的落实和实施包括建立健全安全生产责任制，设置安全生产设施，进行安全教育和培训,沟通和交流信息,通过安全控制使生产作业的安全状况处于受控状态。

（4）安全技术措施计划的验证

安全技术措施计划的验证包括安全检查，纠正不符合情况，并做好检查记录工作。根据实际情况补充和修改安全技术措施。

（5）持续改进，直至完成建筑工程项目的所有工作。

5.施工安全管理的基本要求

（1）必须取得安全行政主管部门颁发的"安全施工许可证"后才可开工。

（2）总承包单位和每一个分包单位都应持有"施工企业安全资格审查认可证"。

（3）各类人员必须具备相应的执业资格才能上岗。

（4）所有新员工必须经过三级安全教育，即公司、项目部和进班组的安全教育。

（5）特殊工种作业人员必须持有特种作业操作证，并严格按规定定期进行复查。

（6）查出的安全隐患要做到"五定"，即定整改责任人、定整改措施、定整改完成时间、定整改完成人、定整改验收人。

（7）必须把好安全生产"六关"，即措施关、交底关、教育关、防护关、检查关、改进关。

（8）施工现场安全设施齐全，并符合国家及地方有关规定。

（9）施工机械（特别是现场安设的起重设备等）必须经安全检查合格后方可使用。

二、施工安全生产责任制

1.一般规定

安全生产责任制是各项管理制度的核心，是企业岗位责任制的重要组成部分，是企业安全管理中最基本的制度，也是保障安全生产的重要组织措施。

安全生产责任制度是根据"管生产必须管安全""安全生产，人人有责"等原则，明确各级领导、各职能部门、岗位、各工种人员在生产中应负有的安全职责。有了安全生产责任制，就能把安全与生产从组织领导上结合起来，把管生产必须管安全的原则从制度上固定下来，从而增强各级管理人员的安全责任心，使安全管理纵向到底、横向到边、专管成线、群管成网、责任明确、协调配合、共同努力，真正把安全生产工作落到实处。

企业应以文件的形式颁布企业安全生产责任制。责任制的制定参照《中华人民共和国建筑法》《中华人民共和国安全生产法》及国务院第 302 号《国务院关于特大安全事故行政责任追究的规定》制定本企业的安全生产责任制。

制定各级各部门安全生产责任制的基本要求如下：

（1）企业经理是企业安全生产的第一责任人。

（2）企业总工程师（主任工程师或技术负责人）对本企业安全生产的技术工作负总责。

（3）项目经理应对本项目的安全生产工作负领导责任。认真执行安全生产规章制度，不违章指挥，制定和实施安全技术措施，经常进行安全生产检查，消除事故隐患，制止违章作业；对职工进行安全技术和安全纪律教育；发生伤亡事故要及时上报，并认真分析事故原因，提出并实现改进措施。

（4）班组长、施工员、工程项目技术负责人对所管工程的安全生产负直接责任。

（5）班组长要模范遵守安全生产规章制度，带领本班组安全作业，认真执行安全交底，有权拒绝违章指挥；班前要对所使用的机具、设备、防护用具及作业环境进行安全检查；组织班组安全活动日开班前安全生产会；发生工伤事故时应保护现场并立即向班组长报告。

（6）企业中的生产、技术、机械设备、材料、财务、教育、劳资、卫生等各职能机构都应在各自业务范围内对实现安全生产的要求负责。

（7）安全机构和专职人员应做好安全管理工作和监督检查工作。

2. 施工项目管理人员及生产人员的安全责任

（1）项目经理安全生产责任制

①项目经理是工程施工安全生产第一负责人，全面负责工程施工全过程的安全生产、文明卫生、防火工作，遵守国家法令，执行上级安全生产规章制度，对劳动保护全面负责。

②组织落实各级安全生产责任制，贯彻上级部门的安全规章制度，并落实到施工过程管理中，把安全生产提到日常议事日程上。

③负责搞好职工安全教育，支持安全员工作，组织检查安全生产。

④发现事故隐患，及时按"定整改责任人、定整改措施、定整改完成时间、定整改完成人、定整改验收人"五定方针，及时落实整改。

⑤发生工伤事故时，及时抢救，保护现场，上报上级部门。

⑥不准违章指挥与强令职工冒险作业。

（2）技术员安全生产责任制

①遵守国家法令，学习熟悉安全生产操作规程，执行上级安全部门的规章制度。

②根据施工购买后技术方案中的安全生产技术措施，提出技术实施方案和改进方案中的技术措施要求。

③在审核安全生产技术措施时，发现不符合技术规范要求的，有权提出更改完善意见，

使之完善和纠正。

④按照技术部门编制的安全技术措施，根据施工现场实际补充编制分项分类的安全技术措施，使之完善和充实。

⑤在施工过程中，对现场安全生产有责任进行管理，发现隐患，有权督促纠正、整改，通知安全员落实整改并汇报项目经理。

⑥对施工设施和各类安全保护、防护物品进行技术鉴定，提出结论性意见。

（3）安全员安全生产责任制

①负责施工现场的安全生产、文明卫生、防火管理工作，遵守国家法令，认真学习熟悉安全生产规章制度，努力提高专业知识和管理水准，加强自身素质。

②经常检查施工现场的安全生产工作，发现隐患及时采取措施进行整改，并及时报项目经理处理。

③坚持原则，对违章作业、违反安全操作规程的人和事决不姑息，敢于阻止和教育。

④对安全设施的配置提出合理意见，提交项目经理解决，如得不到解决，应责令暂停施工，报公司处理。

⑤安全员有权根据公司有关制度进行监督，对违纪者进行处罚，对安全先进者上报公司奖励。

⑥发生工伤事故时，及时保护现场，组织抢救并立即报告项目经理，同时上报公司。

⑦做好安全技术交底工作，强化安全生产、文明卫生、防火工作的管理。

（4）施工员安全生产责任制

①遵守国家法令，学习熟悉安全技术措施，在组织施工过程中同时安排落实安全生产技术措施。

②检查施工现场的安全工作是施工员本身应尽的职责，在施工中同时检查各安全设施的规范要求和科学性，发现不符合规范要求和科学性的，及时调整，并汇报给项目经理。

③施工过程中，发现违章现象或冒险作业，协同安全员共同做好工作，及时阻止和纠正，必要时暂停施工，汇报项目经理。

④在施工过程中，生产与安全发生矛盾时，必须服从安全，暂停施工，等安全整改和落实安全措施后，方准再施工。

⑤施工过程中，发现安全隐患，及时告诉安全员和项目经理采取措施，协同整改，确保施工全过程中的安全。

（5）各生产班组和职工安全生产责任制

①遵守国家法令和安全生产操作规程与规章制度，不违章作业，有权拒绝违章指挥和在安全设施不完善的危险区域施工。无有效安全措施的有权停止作业，汇报项目经理，提出整改意见。

②正确使用劳动保护用品和安全设施、爱护机械电器等施工设备，不准非本工种人员操作机械、电器。

③学习熟悉安全技术操作规程和上级安全部门的规章制度，遵守安全生产"六大纪律"和相关安全技术措施，努力提高自我保护意识，增强自我保护能力。

④职工之间应相互监督，制止违章作业和冒险作业，发现隐患及时报告项目经理和安全员立即整改，在确保安全的前提下安全作业。

⑤发生工伤事故，及时抢救，并立即报告领导，保护现场，如实向上级反映情况。

三、安全管理目标责任考核制度及考核办法

企业应根据自己的实际情况制定安全生产责任制及其考核办法。企业应成立责任制考核领导小组，并制定责任制考核的具体办法，进行考核并有相应考核记录。工程项目部项目经理由企业考核，各管理人员由项目经理组织有关人员考核。考核时间可为每月一小考，半年一中考，一年一总考。

考核办法的制定可参考以下内容：

1. 组织领导（成立安全生产责任制考核领导小组）。

2. 以文件的形式建立考核的制度，确保考核工作认真落实。

3. 严格考核标准、考核时间、考核内容。

4. 要和经济效益挂钩，奖罚分明。

5. 不走过场，要加强透明度，实行群众监督。

6. 考核依据为《管理人员安全生产责任目标考核表》。

四、施工安全技术措施

1. 施工安全技术措施的一般规定

安全技术措施是指为防止工伤事故和职业病的危害，从技术上采取的措施。在工程施工中，是指针对工程特点、环境条件、劳动组织、作业方法、施工机械、供电设施等制定确保安全施工的措施。安全技术措施是建筑工程项目管理实施规划或施工组织设计的重要组成部分。

施工安全技术措施包括安全防护设施的设置和安全预防措施，主要包括 17 个方面的内容，如防火、防毒、防爆、防汛、防尘、防坍塌、防物体打击、防机械伤害、防溜车、防高空坠落、防交通事故、防寒、防暑、防疫、防环境污染等。

2. 施工安全技术措施的编制依据和编制要求

（1）编制依据

建筑工程项目施工组织或专项施工方案中必须有针对性的安全技术措施，特殊和危险性大的工程必须编制专项施工方案或安全技术措施。安全技术措施或专项施工方案的编制依据如下：

①国家和地方有关安全生产、劳动保护、环境保护和消防安全等的法律、法规和有关规定；

②建筑工程安全生产的法律和标准、规程;

③安全技术标准、规范和规程;

④企业的安全管理规章制度。

（2）编制的要求

①及时性

A.安全技术措施在施工前必须编制好,并且审核审批后正式下达项目经理部以指导施工。

B.在施工过程中,发生设计变更时,安全技术措施必须及时变更或做补充,否则不能施工;施工条件发生变化时,必须变更安全技术措施内容,并及时经原编制、审批人员办理变更手续,不得擅自变更。

②针对性

A.针对工程项目的结构特点,凡在施工生产中可能出现的危险源,必须从技术上采取措施,消除危险,保证施工安全。

B.针对不同的施工方法和施工工艺制定相应的安全技术措施。

不同的施工方法要有不同的安全技术措施,技术措施要有设计、有安全验算结果、有详图、有文字说明。根据不同分部分项工程的施工工艺可能给施工带来的不安全因素,从技术上采取措施保证其安全实施。《建筑工程安全生产管理条例》规定,土方工程、基坑支护、模板工程、起重吊装工程、脚手架工程及拆除、爆破工程等必须编制专项施工方案,深基坑、地下暗挖工程、高大模板工程的专项施工方案还应当组织专家进行论证审查。编制施工组织设计或施工方案在使用新技术、新工艺、新设备、新材料的同时,必须制定相应的安全技术措施。

C.针对使用的各种机械设备、用电设备可能给施工人员带来的危险,从安全保险装置、限位装置等方面采取安全技术措施。

D.针对施工中有毒、有害、易燃、易爆等作业可能给施工人员造成的危害,制定相应的防范措施。

E.针对施工现场及周围环境中可能给施工人员及周围居民带来的危险,以及材料、设备运输的困难和不安全因素,制定相应的安全技术措施。

F.针对季节性、气候施工的特点,编制施工安全措施,具体有雨期施工安全措施、冬期施工安全措施、夏季施工安全措施等。

③可操作性、具体性

A.安全技术措施及方案必须明确具体,具有可操作性,能具体指导施工,绝不能一般化和形式化。

B.安全技术措施及方案中必须有施工总平面图,在图中必须对危险的油库、易燃材料库、变电设备,材料、构件的堆放位置以及塔式起重机、井字架或龙门架、搅拌机的位置等按照施工需要和安全堆放的要求明确定位,并提出具体要求。

C.安全技术措施及方案中劳动保护、环保、消防等人员必须掌握工程项目概况、施工方法、场地环境等第一手资料，并熟悉有关安全生产法规和标准，具有一定的专业水平和施工经验。

3.安全技术措施的编制内容

（1）一般工程

场内运输道路及人行通道的布置；一般基础和桩基础施工方案；主体结构施工方案；主体装修工程施工方案；临时用电技术方案；临边、洞口及交叉作业、施工防护安全技术措施；安全网的架设范围及管理要求；防水施工安全技术方案；设备安装安全技术方案；防火、防毒、防爆、防雷安全技术措施；临街防护、临近外架供电线路、地下供电、供气、通风、管线，毗邻建筑物防护等安全技术措施；群塔作业安全技术措施；中小型机械安全技术措施；冬、夏雨期施工安全技术措施；新工艺、新技术、新材料施工安全技术措施等。

（2）单位工程安全技术措施

对于结构复杂、危险性大、特性较多的特殊工程，应单独编制专项施工方案，如土方工程、基坑支护、模板工程、起重吊装工程、脚手架工程及拆除、爆破工程等。专项施工方案中要有设计依据，有安全验算结果，有详图，有文字说明。

（3）季节性施工安全技术措施

高温作业安全措施：夏季气候炎热，高温时间持续较长，制定防暑降温等安全措施。雨期施工安全方案：雨期施工，制定防止触电、防雷、防塌、防台风等安全技术措施。

冬期施工安全方案：冬期施工，制定防火、防风、防滑、防煤气中毒、防冻等安全措施。

4.安全技术措施及方案审批、变更管理

（1）安全技术措施及方案审批管理

①一般工程安全技术措施及方案由项目经理部专业工程师审核，项目经理部技术负责人审批，报公司管理部、质量安全监督部门备案。

②重要工程安全技术措施及方案由项目经理部技术负责人审批，公司管理部、安全部复核，由公司技术发展部或公司部工程师委托技术人员审批并在公司管理部、安全部备案。

③大型、特大工程安全技术措施及方案由项目经理部技术负责人组织编制，报公司技术发展部、管理部、安全部审核。《建筑工程安全生产管理条例》规定，深基坑、高大模板工程、地下暗挖工程等必须进行专家论证审查，经同意后方可实施。

（2）安全技术措施及方案变更管理

①施工过程中如发生设计变更，原定的安全技术措施也必须随着变更，否则不准施工。

②施工过程中确实需要修改拟定的安全技术措施时，必须经编制人同意，并办理修改审批手续。

5.安全技术交底

安全技术交底是指导工人安全施工的技术措施，是工程项目安全技术方案的具体落实。安全技术交底一般由项目经理部技术管理人员根据分部分项工程的具体要求、特点和危险因素编写，是操作者的指令性文件，因而要具体、明确、针对性强。

（1）安全技术交底应符合以下规定

①安全技术交底实行分级交底制度。开工前，项目技术负责人要将工程概况、施工方法、安全技术措施等情况向工地负责人、班组交底，必要时向全体职工进行交底；班组长安排班组工作前，必须进行书面的安全技术交底，两个以上施工队和工种配合时，班组长应按工程进度定期或不定期向有关班组进行交叉作业的安全交底；班组长应每天对工人进行施工要求、作业环境等全方面交底。

②结构复杂的分部分项工程施工前，项目经理、技术负责人应有针对性地进行全面、详细的安全技术交底。

（2）安全技术交底的基本要求

①项目经理部必须实行逐级安全技术交底制度，纵向延伸到班组全体作业人员。

②技术交底必须具体、明确、针对性强。

③技术交底的内容应针对分部分项工程施工中给作业人员带来的潜在危险因素和存在的问题。

④应优先采用新的安全技术措施。

⑤应将工程概况、施工方法、施工程序、安全技术措施等向班组长、作业人员进行详细交底。

⑥定期向由两个以上作业队伍和多工种进行交叉施工的作业队伍进行书面交底。

⑦保留书面安全技术交底等签字记录。

（3）安全技术交底的主要内容

①本工程项目的施工作业特点和危险点；

②针对危险点的具体预防措施；

③应注意安全事项；

④相应的安全操作规程和标准；

⑤发生事故后应及时采取的避难和急救措施。

第五节　施工项目进度管理

一、施工项目进度管理概述

1.施工项目进度管理的概念

（1）施工项目进度管理的定义

施工项目进度管理是为实现预定的进度目标而进行的计划、组织、指挥、协调和控制等活动。即在限定的工期内确定进度目标，编制出最佳的施工进度计划，在执行进度计划的施工过程中，经常检查实际施工进度，并不断地将实际进度与计划进度相比较确定实际进度是否与计划进度相符。若出现偏差，便分析产生的原因和对工期的影响程度，找出必要的调整措施，修改原计划，如此不断地循环，直至工程竣工验收。

工程项目特别是大型重点建筑项目工期要求十分紧迫，施工方的工程进度压力非常大。如果没有正常有效地施工，盲目赶工，难免会出现施工质量问题、安全问题以及增加施工成本。因此，要想使工程项目保质、保量、按期地完成，就应进行科学的进度管理。

（2）施工项目进度管理过程

施工项目进度管理过程是一个动态的循环过程。它包括进度目标的确定，施工进度计划的编制及施工进度计划的跟踪、检查与调整。

2.施工项目进度管理的措施

施工项目进度管理的措施主要有组织措施、管理措施、经济措施和技术措施。

（1）组织措施

组织是目标能否实现的决定性因素，为实现项目的进度目标，应健全项目管理的组织体系。在项目组织结构中应由专门的工作部门和符合进度管理岗位资格的专人负责进度管理工作，进度管理的工作任务和相应的管理职能应在项目管理组织设计的任务分工表和管理职能分工表中标示并落实；应编制施工进度的工作流程，如确定施工进度计划系统的组成，各类进度计划的编制程序、审批程序和计划调整程序等；应进行有关进度管理会议的组织设计，以明确会议的类型，各类会议的主持人、参加单位及人员，各类会议的召开时间，各类会议文件的整理、分发和确认等。

（2）施工管理措施

管理措施涉及管理思想、管理方法、承发包模式、合同管理和风险管理等。树立正确的管理观念，包括进度计划系统观念、动态管理观念、进度计划多方案比较和择优观念；运用科学的管理方法、工程网络计划方法，有利于实现进度管理的科学化；选择合适的承发包模式；重视合同管理在进度管理中的应用；采取风险管理措施。

（3）经济措施

经济措施涉及编制与进度计划相适应的资源需求计划和采取加快施工进度的经济激励措施。

（4）技术措施

技术措施涉及对实现施工进度目标有利的设计技术和施工技术的选用。

3.施工项目进度管理的目标

（1）施工项目进度管理的总目标

施工项目进度管理以实现施工合同约定的竣工日期为最终目标。作为一个施工项目，总有一个时间限制，即施工项目的竣工时间，而施工项目的竣工时间就是施工阶段的进度目标。有了这个明确的目标以后，才能进行针对性的进度管理。

在确定施工进度目标时，应考虑的因素有以下几种：项目总进度计划对项目施工工期的要求、项目建筑的特殊要求、已建成的同类或类似工程项目的施工期限、建筑单位提供资金的保证程度、施工单位可能投入的施工力量、物资供应的保证程度、自然条件及运输条件等。

（2）施工项目进度目标体系

施工项目进度管理的总目标确定后，还应对其进行层层分解，形成相互制约、相互关联的目标体系。施工项目进度的目标是从总的方面对项目建筑提出的工期要求，但在施工活动中，是通过对最基础的分部分项工程的施工进度管理来保证各单位工程、单项工程或阶段工程进度管理目标的完成，进而实现施工项目进度管理总目标。

施工阶段进度目标可根据施工阶段、施工单位、专业工种和时间进行分解。

①按施工阶段分解

根据工程特点，将施工过程分为几个施工阶段，如桥梁（下部结构、上部结构）、道路（路基、路面）。根据总体网络计划，以网络计划中表示这些施工阶段起止的节点为控制点，明确提出若干阶段目标，并对每个施工阶段的施工条件和问题进行更加具体的分析研究和综合平衡，制订各阶段的施工规划，以阶段目标的实现来保证总目标的实现。

②按施工单位分解

若项目由多个施工单位参加施工，则要以总进度计划为依据，确定各单位的分包目标，并通过分包合同落实各单位的分包责任，以各分包目标的实现来保证总目标的实现。

③按专业工种分解

只有控制好每个施工过程完成的质量和时间，才能保证各分部工程进度的实现。因此，既要对同专业、同工种的任务进行综合平衡，又要强调不同专业、工种间的衔接配合，明确相互的交接日期。

④按时间分解

按时间将施工总进度计划分解成逐年、逐季、逐月的进度计划。

4.影响进度的因素

工程项目施工过程是一个复杂的运作过程，涉及面广、影响因素多，任何一个方面出现问题，都可能对工程项目的施工进度产生影响。为此，应分析了解这些影响因素，并尽可能加以控制，通过有效的进度管理来弥补和减少这些因素产生的影响。影响施工进度的主要因素有以下几方面：

（1）参与单位和部门的影响

影响项目施工进度的单位和部门众多，包括建筑单位、设计单位、总承包单位以及施工单位上级主管部门、政府有关部门、银行信贷单位、资源物资供应部门等。只有做好有关单位的组织协调工作，才能有效地控制项目施工进度。

（2）项目施工技术因素

项目施工技术因素主要有以下几种：低估项目施工技术上的难度；采取的技术措施不当；没有考虑某些设计或施工问题的解决方法；对项目设计意图和技术要求没有全部领会；

在应用新技术、新材料或新结构方面缺乏经验，盲目施工导致出现工程质量缺陷等。

（3）施工组织管理因素

施工组织管理因素主要有施工平面布置不合理、劳动力和机械设备的选配不当、流水施工组织不合理等。

（4）项目投资因素

项目投资因素主要指因资金不能保证以至于影响项目施工进度。

（5）项目设计变更因素

项目设计变更因素主要有建筑单位改变项目设计功能、项目设计图纸错误或变更等。

（6）不利条件和不可预见因素

在项目施工中，可能遇到洪水、地下水、地下断层、溶洞或地面深陷等不利的地质条件，也可能出现恶劣的气候条件、自然灾害、工程事故、政治事件、工人罢工或战争等不可预见的事件，这些因素都将影响项目施工进度。

二、施工项目进度计划的编制和实施

1.施工项目进度计划的编制

（1）施工项目进度计划的分类

施工项目进度计划是在确定工程施工目标工期的基础上，根据相应的工程量，对各项施工过程的施工顺序、起止时间和相互衔接关系以及所需的劳动力和各种技术物资的供应所做的具体策划和统筹安排。

根据不同的划分标准，施工项目进度计划可以分为不同的种类，它们组成了一个相互关联、相互制约的计划系统。按不同的计划深度可以分为总进度计划、项目子系统进度计划与项目子系统中的单项工程进度计划；按不同的计划功能划分，可以分为控制性进度计划、指导性进度计划与实施性（操作性）进度计划；按不同的计划周期可以分为5年建筑进度计划与年度、季度、月度和旬计划。

（2）施工项目进度计划的表达方式

施工项目进度计划的表达方式有多种，在实际工程施工中，主要使用横道图和网络图。

①横道图

横道图是结合时间坐标线，用一系列水平线段来分别表示各施工过程的施工起止时间和先后顺序的图表。这种表达方式简单明了、直观易懂，但是也存在一些问题，如工序（工作）之间的逻辑关系不易表达清楚；适用于手工编制计划；没有通过严谨的时间参数计算，不能确定关键线路与时差；计划调整只能用手工方式进行，工作量较大；难以适应大的进度计划系统。

②网络图

网络图是指由箭线和节点组成，用来表示工作流程的有向、有序的网状图形。这种表达方式具有以下优点：能正确地反映工序（工作）之间的逻辑关系；可以进行各种时间参数计算，确定关键工作、关键线路与时差；可以用电子计算机对复杂的计划进行计算、调整与优化。网络图的种类很多，较常用的是双代号网络图。双代号网络图是以箭线及其两端节点的编号表示工作的网络图。

（3）施工项目进度计划的编制步骤

编制施工项目进度计划是在满足合同工期要求的情况下，对选定的施工方案、资源的供应情况、协作单位配合施工情况等所做的综合研究和周密部署，具体编制步骤如下：

①划分施工过程；

②计算工程量；

③套用施工定额；

④劳动量和机械台班量的确定；

⑤计算施工过程的持续时间；

⑥初排施工进度；

⑦编制正式的施工进度计划。

施工项目进度计划编制之后，应进行进度计划的实施。进度计划的实施就是落实并完成进度计划，用施工项目进度计划指导施工活动。

2. 施工项目进度计划的审核

在施工项目进度计划实施之前，为了保证进度计划的科学合理性，必须对施工项目进度计划进行审核。施工进度计划审核的主要内容如下：

（1）工程进度安排是否与施工合同相符，是否符合施工合同中开工、竣工日期的规定。

（2）工程施工进度计划中的项目是否有遗漏，内容是否全面，分期施工是否满足分期交工要求和配套交工要求。

（3）工程施工顺序的安排是否符合施工工艺、施工程序的要求。

（4）工程资源供应计划是否均衡并满足进度要求。劳动力、材料、构配件、设备及施工机具、水电等生产要素的供应计划是否能保证施工进度的实现，供应是否均衡，需求高峰期是否有足够能力实现计划供应。

（5）工程总分包间的计划是否协调、统一。总包、分包单位分别编制的各项施工进度计划之间是否相协调，专业分工与计划衔接是否明确合理。

（6）工程对实施进度计划的风险是否分析清楚并有相应的对策。

（7）工程各项保证进度计划实现的措施是否周到、可行、有效。

3. 施工项目进度计划的实施

施工项目进度计划的实施就是落实施工进度计划，按施工进度计划开展施工活动并完成施工项目进度计划。施工项目进度计划逐步实施的过程就是项目施工逐步完成的过程。为保证项目各项施工活动，按施工项目进度计划所确定的顺序和时间进行，以及保证各阶段进度目标和总进度目标的实现，应做好下面的工作。

（1）工程检查各层次的计划，并进一步编制月（旬）作业计划

施工项目的施工总进度计划、单位工程施工进度计划、分部分项工程施工进度计划都是为了实现项目总目标而编制的，其中高层次计划是低层次计划编制和控制的依据，低层次计划是高层次计划的深入和具体化。在贯彻执行时，要检查各层次计划间是否紧密配合、协调一致。计划目标是否层层分解、互相衔接，检查在施工顺序、空间及时间安排、资源供应等方面有无矛盾，以组成一个可靠的计划体系。

为实施施工进度计划，项目经理部将规定的任务与现场实际施工条件和施工的实际进度相结合，在施工开始前和实施中不断编制本月（旬）的作业计划，从而使施工进度计划更具体、更切合实际、更适应不断变化的现场情况和更可行。在月（旬）计划中要明确本月（旬）应完成的施工任务、完成计划所需的各种资源量，以及为提高劳动生产率、保证质量和节约的措施。

编制作业计划要进行不同项目间同时施工的平衡协调；确定对施工项目进度计划分期实施的方案；施工项目要分解为工序，以满足指导作业的要求，并明确进度日程。

（2）综合平衡，做好主要资源的优化配置

施工项目不是孤立完成的，它必须由人、财、物（材料、机具、设备等）诸资源在特定地点有机结合才能完成。同时，项目对诸资源的需要又是错落起伏的。因此，施工企业应在各项目进度计划的基础上进行综合平衡，编制企业的年度、季度、月旬计划，将各项资源在项目间动态组合、优化配置，以保证满足项目在不同时间对诸资源的需求，从而保证施工项目进度计划的顺利实施。

（3）层层签订承包合同，并签发施工任务书

按前面已检查过的各层次计划，以承包合同和施工任务书的形式分别向分包单位、承包队和施工班组下达施工进度任务，其中，总承包单位与分包单位、施工企业与项目经理部、项目经理部与各承包队和职能部门、承包队与各作业班组间应分别签订承包合同，按计划目标明确规定合同工期、相互承担的经济责任、权限和利益。

另外，要将月（旬）作业计划中的每项具体任务通过签发施工任务书的方式向班组下达施工任务书。施工任务书是一份计划文件，也是一份核算文件，同时又是原始记录。它把作业计划下达到班组，并将计划执行与技术管理、质量管理、成本核算、原始记录、资源管理等融为一体。施工任务书一般由班组长以计划要求、工程数量、定额标准、工艺标准、技术要求、质量标准、节约措施、安全措施等为依据进行编制。任务书下达给班组时，由班组长进行交底。交底内容为交任务、交操作规程、交施工方法、交质量、交安全、交定额、交节约措施、交材料使用、交施工计划、交奖罚要求等，做到任务明确、报酬预知、责任到人。施工班组接到任务书后，应做好分工，安排完成，执行中要保质量、保进度、保安全、保节约、保工效提高。任务完成后，班组自检，在确认已经完成后，向专业工程师报请验收。专业工程师验收时查数量、查质量、查安全、查用工、查节约，然后回收任

务书，交施工队登记结算。

（4）全面实行层层计划交底，保证全体人员共同参与计划实施

在施工进度计划实施前，必须根据任务进度文件的要求进行层层交底落实，使有关人员都明确各项计划的目标、任务、实施方案、预控措施、开始日期、结束日期、有关保证条件、协作配合要求等，使项目管理层和作业层能协调一致工作，从而保证施工生产按计划、有步骤、连续均衡地进行。

（5）做好施工记录，掌握现场实际情况

在计划任务完成的过程中，各级施工进度计划的执行者都要跟踪做好施工记录。在施工中，如实记载每项工作的开始日期、工作进程和完成日期，记录每日完成数量、施工现场发生的情况和干扰因素的排除情况，可为施工项目进度计划实施的检查、分析、调整、总结提供真实、准确的原始资料。

（6）做好施工中的调度工作

施工中的调度是指在施工过程中针对出现的不平衡和不协调进行调整，以不断组织新的平衡，建立和维护正常的施工秩序。它是组织施工中各阶段、环节、专业和工种的互相配合、进度协调的指挥核心，也是保证施工进度计划顺利实施的重要手段。其主要任务是监督和检查计划实施情况，定期组织协调会，协调各方协作配合关系，采取措施，消除施工中出现的各种矛盾，加强薄弱环节，实现动态平衡，保证作业计划完成及进度控制目标的实现。协调工作必须以作业计划与现场实际情况为依据，从施工全局出发，按规章制度办事，必须做到及时、准确、果断灵活。

（7）预测干扰因素，采取预控措施

在项目实施前和实施过程中，应经常根据所掌握的各种数据资料，对可能致使项目实施结果偏离进度计划的各种干扰因素进行预测，并分析这些干扰因素带来的风险程度，预先采取一些有效的控制措施，将可能出现的偏离尽可能消灭于萌芽状态。

三、施工项目进度计划的检查

1.施工项目进度计划的检查

在施工项目的实施过程中，为了进行施工进度管理，进度管理人员应经常性、定期跟踪检查施工实际进度情况，主要是收集施工项目进度材料，进行统计整理和对比分析，确定实际进度与计划进度之间的关系，其主要工作包括以下内容：

（1）跟踪检查施工实际进度

跟踪检查施工实际进度是分析施工进度、调整施工进度的前提。其目的是收集实际施工进度的有关数据。跟踪检查的时间、方式、内容和收集数据的质量将直接影响控制工作的质量和效果。

进度计划检查应按统计周期的规定进行定期检查，并应根据需要进行不定期检查。进度计划的定期检查包括规定的年、季、月、旬、周、日检查，不定期检查指根据需要由检

查者（或组织）确定的专题（项）检查。检查内容应包括工程量的完成情况、工作时间的执行情况、资源使用与进度的匹配情况、上次检查提出问题的整改情况以及检查者确定的其他检查内容。检查和收集资料的方式一般采用经常、定期地收集进度报表，定期召开进度工作汇报会，或派驻现场代表检查进度的实际执行情况等方式进行。

（2）施工整理统计检查的数据

对收集到的施工项目实际进度数据要进行必要的整理。按施工进度计划管理的工作项目内容进行整理统计，形成与计划进度具有可比性的数据。一般可以按实物工程量、工作量和劳动消耗量以及累计百分比整理和统计实际检查的数据，以便与相应的计划完成量对比。

（3）将实际进度与计划进度进行对比分析

将收集的资料整理和统计成具有与计划进度可比性的数据后，将施工项目实际进度与计划进度进行比较。通常采用的比较方法有横道图比较法、S形曲线比较法、香蕉形曲线比较法、前锋线比较法等。通过比较得出实际进度与计划进度相一致、超前和拖后三种情况。

（4）施工项目进度检查结果的处理

对施工进度检查的结果要形成进度报告，把检查比较的结果及有关施工进度现状和发展趋势提供给项目经理及各级业务职能负责人。进度控制报告一般由计划负责人或进度管理人员与其他项目管理人员协作编写。报告时间一般与进度检查时间相协调，也可按月、旬、周等间隔时间进行编写上报。进度报告的内容包括进度执行情况的综合描述，实际进度与计划进度的对比资料，进度计划的实施问题及原因分析，进度执行情况对质量、安全和成本等的影响情况，采取的措施和对未来计划进度的预测。进度报告可以单独编制，也可以根据需要与质量、成本、安全和其他报告合并编制，提出综合进展报告。

2. 横道图比较法

横道图比较法是把项目施工中检查实际进度收集的信息，经整理后直接用横道线并列标于原计划的横道线处，进行直观比较的一种方法。这种方法简明直观、编制方法简单、使用方便，是人们常用的方法。

3. S形曲线比较法

S形曲线比较法是在一个以横坐标表示进度时间、纵坐标表示累计完成任务量的坐标体系上，首先按计划时间和任务量绘制一条累计完成任务量的曲线（S形曲线），然后将施工进度中各检查时间时的实际完成任务量也绘在此坐标上，并与S形曲线进行比较的一种方法。

四、施工项目进度计划的调整

1. 分析进度偏差对后续工作及总工期的影响

当实际进度与计划进度进行比较，判断出现偏差时，首先应分析该偏差对后续工作和总工期的影响程度，然后才能决定是否调整以及调整的方法与措施。具体分析步骤如下：

（1）分析出现进度偏差的工作是否为关键工作

若出现偏差的工作为关键工作，则无论偏差大小，都将影响后续工作按计划施工，并使工程总工期拖后，必须采取相应措施调整后期施工计划，以便确保计划工期；若出现偏差的工作为非关键工作，则需要进一步将偏差值与总时差和自由时差进行比较分析，才能确定对后续工作和总工期的影响程度。

（2）分析进度偏差时间是否大于总时差

若某项工作的进度偏差时间大于该工作的总时差，则将影响后续工作和总工期，必须采取措施进行调整；若进度偏差时间小于或等于该工作的总时差，则不会影响工程总工期，但是否影响后续工作，尚需分析此偏差与自由时差的大小关系才能确定。

（3）分析进度偏差时间是否大于自由时差

若某项工作的进度偏差时间大于该工作的自由时差，说明此偏差必然对后续工作产生影响，应该如何调整，应根据后续工作的允许影响程度而定；若进度偏差时间小于或等于该工作的自由时差，则对后续工作毫无影响，不必调整。

分析偏差主要是利用网络计划中总时差和自由时差的概念进行判断。由时差概念可知，当偏差大于该工作的自由时差，而小于总时差时，对后续工作的最早开始时间有影响，对总工期无影响；当偏差大于总时差时，对后续工作和总工期都有影响。

2. 施工项目进度计划的调整方法

在对实施的进度计划进行分析的基础上，应确定调整原计划的方法，一般主要有以下几种：

（1）改变某些工作间的逻辑关系

若检查的实际施工进度产生的偏差影响了总工期，在工作之间的逻辑关系允许改变的条件下，可以改变关键线路和超过计划工期的非关键线路上的有关工作之间的逻辑关系，达到缩短工期的目的。用这种方法调整的效果是很显著的。例如，可以把依次进行的有关工作改成平行的或相互搭接的，以及分成几个施工段进行流水施工等，都可以达到缩短工期的目的。

（2）缩短某些工作的持续时间

这种方法是不改变工作之间的逻辑关系，而是缩短某些工作的持续时间，使施工进度加快，并保证实现计划工期的方法。那些被压缩持续时间的工作是位于由于实际施工进度的拖延而引起总工期增长的关键线路和某些非关键线路上的工作，同时又是可压缩持续时间的工作。实际上就是采用网络计划优化的方法，这里不再赘述。

（3）资源供应的调整

如果资源供应发生异常（供应满足不了需求），应采用资源优化的方法对计划进行调整，或采取应急措施，使其对工期影响最小化。

（4）增减工程量

增减工程量主要是指改变施工方案、施工方法，致使工程量增加或减少。

（5）起止时间的改变

起止时间的改变应在相应工作时差范围内进行。每次调整必须重新计算时间参数，观察该项调整对整个施工计划的影响。调整时可采用下列方法：将工作在其最早开始时间和其最迟完成时间范围内移动；延长工作的持续时间；缩短工作的持续时间。

3.施工项目进度计划的调整措施

施工项目进度计划调整的具体措施包括以下几种：

（1）组织措施

增加工作面，组织更多的施工队伍；增加每天的施工时间（如采用三班制等）；增加劳动力和施工机械的数量；将依次施工关系改为平行施工关系；将依次施工关系改为流水施工关系；将流水施工关系改为平行施工关系。

（2）施工技术措施

改进施工工艺和施工技术，缩短工艺技术间歇时间；采用更先进的施工方法，以减少施工过程的数量（如将现浇框架方案改为预制装配方案）；采用更先进的施工机械。

（3）经济措施

实行包干奖励；提高奖金数额；对所采取的技术措施给予相应的经济补偿。

（4）其他配套措施

改善外部配合条件；改善劳动条件；实施强有力的调度等。

第六节　施工成本管理

一、工程成本概念

建筑工程项目施工费用为建筑安装工程费（工程建设项目概预算总金额中的第一部分费用），在项目业主的管理之下，施工企业利用此费用具体组织实施完成项目施工任务。因此，施工企业进行成本管理研究的直接范围是建筑安装工程费。做好成本管理工作，首先必须清楚以下基本概念：

1.工程预算价

工程施工企业在投标之前，一般都先按照概、预算编制办法计算建筑安装工程费。建筑安装工程费由五大部分组成：（1）直接工程费；（2）间接费；（3）施工技术装备费；（4）计划利润；（5）税金。

建筑安装工程费是工程概、预算总金额组成中的第一大部分。施工企业把建筑安装工程费称为工程预算价。

有时候，工程建设方将预留费用和监理费用以暂定金形式列入招标文件中，工程施工方在投标文件中也要相应地列入。但是，使用这些费用是由业主决定的，因此，工程施工企业在研究总造价、总成本时往往不予考虑。

2. 工程中标价

为了提高投标中标率，施工企业在投标报价时往往主动放弃预算价中的施工技术装备费和计划利润的一部分或全部，有些情况下甚至还放弃直接工程费和间接费的一部分。通过投标、中标获得的建筑安装工程价款，称为工程中标价。

3. 工程成本

工程成本组成如下：

（1）项目部所属施工队伍及协作队伍的工、料、机生产费用和施工现场其他管理费。

（2）项目部本级机构的开支。

（3）由项目部分摊的上级机构各种管理费用，包括投标费用。

（4）上缴国家的税金，也是总成本的一个组成部分。

4. 项目部责任成本

工程成本中的第一、第二部分合并在一起，称为项目部工程成本，其额定值称为项目部责任成本。项目部责任成本是指项目部无额定利润的工程成本，是工程成本分解及成本管理工作的重点。

5. 项目部上级机构成本

项目部上级机构成本指工程总成本中的第三、第四部分。在这里，应该注意的是项目部成本不等于工程施工总成本。施工总成本还应该包括发生在上级机构的成本（管理费）和应上缴国家的税金。项目部上级机构成本也是工程分解和成本管理工作的一个组成部分。

6. 工程利润

工程中标价（剔除暂定金和监理费用等）减去工程施工总成本后的余额是工程利润。在这里，应该注意到工程中标价（剔除暂定金和监理费用等）减去项目部成本，并不等于利润，只有再扣除由项目部分摊的上级机构各种管理费和上缴国家的税金之后，才是工程利润。

二、工程成本分解

工程成本分解，主要是指施工企业将构成工程施工总成本的各项成本因素，根据市场经济及项目施工的客观规律进行科学合理的分开，为成本管理及控制、考核提供客观依据的一项十分重要的成本管理基础工作。一般来说，工程成本应从以下几个方面来分解：

1. 项目部责任成本

项目部责任成本等于项目部所属施工队伍（包括协作队伍）的工、料、机生产费用和施工现场其他管理与项目部本级机构开支之总和。

项目部责任成本由企业与项目部根据项目工程特征、投标报价、项目部机构设置、自有施工队和协作队伍等各方面情况，深入进行社会市场及施工现场调研后综合分析计算而来。

（1）项目部所属施工队伍（包括承包协作队伍）成本

当投标中标之后，施工企业应根据工程项目所在地的实际情况，再次对各项施工生产要素（主要指工、料、机）的市场价格进行现场调研，根据切实可行的施工技术方案及有关规定要求，按工程量清单提供的工程数量，重新计算出由项目经理部组织工程项目施工时的市场实际施工总价款。实际施工总价款实际上就是项目经理部（不含项目部）以下的全部费用（项目部所属施工队伍及协作队伍的工、料、机生产费用和施工现场其他管理费）。施工企业和项目经理只有以此为成本控制的基础依据，才能使工程项目施工成本管理及施工实际成本符合市场经济的客观规律。

在项目工程实施总价款的控制下，项目经理部可将各项工程分别具体划分落实到各施工队（自有施工队和协作队），并建立工程项目施工分户表，明确各施工队施工项目、工程数量、施工日期、执行单价、执行总价、责任人等内容，这样，既将施工任务落实到各施工队，又将执行价格予以明确控制并落实到责任人，同时还可防止因人为因素产生的工程数量不清、执行价格混乱等问题。

无论是自有施工队，还是承包协作队，都要在项目经理部直接管理之下，切实加强工程质量、施工进度和施工安全的管理，并使其符合有关规定要求，在此前提下，项目经理部根据各施工队完成的实物工程量按实施执行价格计量拨付工程款。一般来说，拨付给承包单位的工程进度款要低于其实际工程进度，并扣留质量保证金，待维修期满后方可结账付清余款。当承包单位提交了银行预付款保函时，可按项目业主对项目预付款比例或略低于这一比例对承包单位预付工程款；否则，不能对承包单位预付工程款。

在当前的建筑市场工程施工承包中，一般有两种承包方法：一是总包法；二是劳务承包法。总包法是指将中标工程项目中某些分项（单项）工程议定价格之后（包括工、料、机等全部费用），签订项目承包合同，由承包协作队伍承包完成项目施工任务。总包法项目经理部可以省心省事。但施工材料采购、原材料的检验试验、施工过程中的对外协调等事项，承包协作队可能难以胜任而导致影响施工进度。劳务承包法是指承包协作队只对某项工程施工中的人工费进行承包，完成项目施工任务。

在近年的工程项目实践中，通常以劳务承包法对承包协作队进行工程施工承包，通过项目部与承包协作队有机配合来完成项目施工任务。具体来讲，就是将某项工程以劳务总包的形式承包给协作队，签订项目承包合同。在项目施工中，人工及人工费由承包协作队自行安排调用，项目经理部一般不予过问，但施工进度必须符合项目总体施工进度计划。施工用材料则由项目经理部代购代供，其费用计入承包工程费用之中。承包协作队要提供材料使用计划（数量、规格、使用日期），项目经理部要制定材料采购制度，保质保量并以不高于工地现场的材料市场价格向承包协作队按期提供材料，确保顺利施工。这部分费用在成本分解时，可列为材料代办费项目，以便对材料使用数量及采购供应价格进行有效控制。同样，劳务队伍使用的机械设备由项目经理部提供并计入承包工程费用之中。

（2）项目部本级机构开支

项目部本级机构开支的费用主要是根据工程项目的大小、项目经理部人员的组成情况来综合考虑。由于项目经理部是针对某个工程项目而设置的临时性施工组织管理机构，一般随工程项目的完成而解体，因此，项目经理部的设置应力求精简高效，这样才有利于项目经济效益的提高。

项目部本级机构开支的费用主要包含间接费和管理费两大部分。间接费主要包含项目部工作人员工资、工作人员福利费、劳动保护费、办公费、差旅交通费、固定资产折旧费和修理费、行政工具使用费等；管理费主要包含业务招待费、会议费、教育经费、其他费用。

项目部责任成本在项目工程成本中占有较大比重。在项目实施中，施工企业和项目经理部必须严格控制其各项费用在责任成本额定范围内开支，才能确保项目工程取得良好的经济效益。这是施工企业进行成本管理控制的关键。

2.项目部上级机构成本

项目部上级机构成本是指项目给上级机构的各种管理费用与税金之和。

（1）上级机构管理费主要是指项目部以上的各上级机构，为组织施工生产经营活动所发生的各种管理费用。主要包括管理人员基本工资、工资性津贴、职工福利费、差旅交通费、办公费、职工教育经费、行政固定资产折旧和修理费、技术开发费、保险费、业务招待费、投标费、上级管理费等各项费用。

上级机构管理费一般是根据上级机构设置情况及人员组成状况，采取总量控制的措施核定及控制费用开支的。目前，各级一般都是根据历年费用开支情况，进行数理统计分析后，逐级约定费额，并按规定要求上缴。上级机构管理费一般占项目工程中标价的6%～7%。

（2）税金按实际支付工程款，由企业缴纳，有的由业主统一代缴。税金应上缴国家，但它是成本的一个组成部分。

将项目工程成本分解成项目部责任成本（项目部所属施工队伍成本与项目部本级机构开支之和）与项目部上级机构成本两大部分，对分解开来的这两大部分费用，可分别由项目经理部和项目经理部的上级机构（企业）来掌握控制，项目经理部在责任成本限额内组织自有施工队和协作队实施项目施工，企业对项目部进行全过程成本监控管理，指导项目部在责任成本费用内完成项目施工任务。企业对自身的各项管理费用开支必须进行有效控制，最大限度地降低上级机构成本费用，从而全面提高企业综合经济效益。

实践证明，只要按上述方法计算和分解工程成本，做到责任明确、互不侵犯，并切实有效地进行控制管理，施工项目就可以取得良好的经济效益。

三、工程成本控制

1.项目部工、料、机生产费及现场其他管理费控制

（1）人工费控制

人工费发生在项目部所属施工队伍和协作队伍中。协作队伍的人工费包括在工程合同单价之中，不单独反映。项目部按合同控制协作队伍的人工费。其内部管理由协作队伍法人代表进行，项目部一般不再过问。

项目部所属自有施工队伍的人工费按预先编好的成本分解表中的人工费控制。应该注意到项目部自有施工队伍全年完成产值中的人工费总额应等于或大于他们全年的工资总额，否则人工费将发生亏损。另外，还要注意加强对零散用工的管理，注意提高劳动生产率、用工数量、工日单价等。

自有施工队伍人工费控制还应该注意：尽量减少非生产人工数量；注意劳动组合和人机配套；充分利用有效工作时间，尽量避免工时浪费，减少工作中的非生产时间。

（2）施工材料数量和费用控制

在成本分解工作中已经计算好了全部工程所需各类材料的数量，确定好了材料的市场价格及总价；同时，已按自有施工队伍和协作队伍算好了完成指定工程所需的材料数量及总价，材料费用按此控制。

协作队伍所需材料数及总价已在协作合同文本上明确，节约归己、超支自负。因此，协作队伍的材料数量和总价应自行控制、自己负责。自有施工队伍应按承包责任书控制好材料数量和总价，实行节奖超罚的控制制度。自有施工队伍在材料数量和费用控制时应该注意：按定额或工地试验要求使用材料，不要超量使用；降低定额中可节约的场内定额消耗和场外运输损耗；回收可利用品；减少场内倒运或二次倒运费用。

项目部材料管理人员在材料数量和费用控制方面负有重要的责任。他们对外购材料的市场价格、材料质量要进行充分调查，做到货比三家，选择质优价廉、供货及时、信誉良好的材料生产厂家。尽量避免或减少中间环节。一般情况下，要保证材料的工地价不超过投标（中标）的材料单价。遇有材料价格上涨，超过中标价的情况，应做好情况记录，保存凭证，及时通过项目部向业主单位报告，争取动用预留费用中的"工程造价增涨预留费"。

项目部材料管理人员要建立完善、严密的材料出入库制度，保证出入库数量的正确。入库要点收、记账，要有质量文件。出库也要点付、记收，领用手续完备。项目部材料管理人员还要建立材料用户分账制度，对每一用户（各自有施工队伍、各协作队伍）应控制好材料数量及价款。对周转件材料（如脚手架、钢模板等）要设立使用规则，杜绝非正常损耗。

加强材料运输管理，防止运输过程中因人为因素丢失引起的严重损耗。材料费用在工程项目成本中占有相当大的比重，有的项目发生亏损的主要原因就是材料使用严重超量或有的材料采购价格高于市场平均水平。因此，项目经理及项目施工管理人员必须认真研究

材料使用及采购中的问题，只有严格把住材料成本关，项目责任成本目标的实现才有充分的保障。

（3）施工机械使用费的控制

施工机构使用费的控制主要是针对项目部自有施工队伍使用机械而言的。在成本分解工作中，已根据自有施工队施工项目特征计算出了所需各类施工机械及使用台班数项目经理部应按其机械使用费额、责任等包给自有施工队，并加强控制管理，确保其费用不得突破。

协作队伍的施工机械使用费已全部包含在议定的承包工程项目总体价格合同以内，一般不再单独计列。因此，协作队的施工机械使用费自行控制、自己负责。

对自有施工队的施工机械使用费的控制主要应该注意以下几点：

严格控制油料消耗。机械在正常工作条件下每小时的耗油量是有相对规律的，实际工作中，可以根据机械现有情况确定综合耗油指标，再根据当日需要完成的实际工作量供给油燃料，不宜以台班定额核算供给油料，从而控制油料耗用成本。

严格控制机械修理费用。要有效地控制机械修理费用，首先应从提高机械操作工人的技术素质抓起。对机械使用要按规程正确操作，按环境条件有效使用，按保养规定经常维护保养。一般的小修小保，应由操作工人自行完成。对于大中型修理及重要零部件更换，操作工人必须报经机械主管，责任人召集有关人员"会诊"，初步提出修理方案，报项目经理审批后才能进行大中型修理及重要零部件更换。对更换的零部件应由项目机械主管责任人验证。对修理费用也必须进行市场调研，多方比较后选定修理厂家并议定修理价格。有的项目经理部就因机械使用效率很低、油料消耗过大以及修理费用过高，导致经济效益很差甚至亏损。

按规定提取并上交折旧费。一般来说，大中型施工机械都属于企业的固定资产，当项目施工需要时，即调配到项目部使用。因此，项目部必须按规定要求提取其折旧费并如数上缴企业。

机械租赁费的控制。当自身机械设备能力不能满足项目施工需要时可向社会市场租赁机械来协助完成施工任务。目前，机械租赁一般有三种形式：一是按工作量承包租赁；二是按台班租赁；三是按日（计时）租赁。按工作量承包租赁是比较好的办法，一般应采取这种方式；按日（计时）租赁是最不可取的，应该避免。因此，项目经理部在租赁机械时，要充分考虑租赁机械的用途特征，选定适宜的租赁方式。对租赁机械价格要广泛进行市场调查，议定出合理的价格水平。对不能按时完成工作量承包租赁又难以用定额台班产量考核的特种机械，在租赁使用中，必须注意合理调度周密安排，充分提高其使用效率。其租赁费用必须如实计入责任承包的机械使用费额之内。

对外出租机械费用的控制。当自身机械设备过剩时，可视情况对外出租。在出租机械时，要根据机械工作特性选择合适的出租方式，拟定合理的出租价格，并签订租赁合同，同时还要注意防止发生"破坏性"使用问题。出租赚取的经济收益应上缴企业。当协作队向项目部租赁施工机械设备时，同样要切实按照事先议定好的租赁方式和租赁价格签订租赁合同，其费用可直接从施工进度工程款中扣留。

（4）工程质量成本的控制

工程质量成本是指为保证和提高工程质量而支出的一切费用，以及未达到质量标准而产生的一切质量事故损失费用之和。由此可以看出，工程质量成本主要包含两个方面，一是工程质量保证成本，二是工程质量事故成本。一般来说，质量保证成本与质量水平成正比，即工程质量水平越高，质量保证成本就越大；质量事故成本与质量水平成反比，即工程质量水平越高，质量事故成本就越低。施工企业追求的是质量高、成本低的最佳工程质量成本目标。一般来说，工程质量成本可分解为预防成本、检测成本、工程质量事故成本、过剩投入成本等几个方面。

①预防成本。预防成本主要是指为预防质量事故发生而开展的技术质量管理工作，质量信息、技术质量培训，以及为保证和提高工程质量而开展的一系列活动所发生的费用。质量管理水平较高的施工企业，这部分费用占质量成本费用的比重较大，是施工单位坚持"预防为主"质量方针的重要体现。如果施工作业层技术技能水平高，这部分费用相对就低；反之，这部分费用就比较高。因此，施工企业应加强技术培训工作，全面提高施工操作人员的技术素质，就一次培训投入可换取长久的经济效益。在选择协作队伍时，应充分注意技术素质及施工能力。这实际上也是降低成本的有效环节。

②检测成本。检测成本主要是对施工原材料的检验试验和对施工过程中工序质量、工程质量进行检查等发生的费用。这是预防及控制质量事故发生的基础，应根据工程项目实际需要配置检测设备及检测人员，增加现场质量检查频次。

③工程质量事故成本。工程质量事故成本主要是指因施工原因造成工程质量未达到规定要求而发生的工程返工、返修、停工、事故处理等损失费用。这部分费用随质量管理水平的提高而下降。自有施工队伍和协作单位应切实加强质量管理，各自负责工程项目施工质量，最大限度地把这项费用降到最低。一旦发生质量事故，既加大了质量成本，降低了经济效益，同时又造成了不良的社会影响。事实上，质量事故损失费用就是工程施工的纯利润，因此，在工程施工中，要严格把守各道工序的质量关，提高工程质量一次合格率，防止返工及事故的发生。当前，工程项目施工普遍推行社会监理制，但施工企业切不可因此而放松自身对工程质量的有效控制与管理，应做到自检符合要求后才提交监理检查验收，切实把工程质量事故消灭在萌芽状态，这样才能有效降低质量成本、提高经济效益。

④过剩投入成本。过剩投入成本主要是指在工程质量方面过多地投入物质资源而增加的工程成本。过剩投入成本的发生，实际上是质量管理水平不高的突出表现。在施工现场可以看到有的施工人员在拌制砂浆、混凝土时，往往以多投入水泥用量的方式来保证质量；有的砌筑工程设计要求用片石而施工中偏要用块石（有的甚至用料石）提高用料标准等，这都是典型的过剩投入增加工程成本的现象，这种做法是不宜提倡的。在实际施工中，我们应当严格按技术标准、施工规范、质量要求进行施工，片面加大物耗的做法不一定能创出优质工程，也是对工程质量的曲意理解，应当引起项目经理、技术质量人员及施工管理

人员、施工作业人员的高度注意。

（5）施工进度对工程成本的影响

施工进度的快慢主要取决于工程项目总工期的要求。工程项目总工期一般来说是由工程项目建筑方（项目业主）确定的。业主在确定总工期时，应该充分考虑合理的工程施工进度。总工期过长，不利于投资效益的发挥；相反，总工期过短，会使施工企业疲于应付，引起劳动力、材料、施工机械设备的短期大量投入导致价格攀升，致使施工成本增加，尤其是在施工中期或中后期，如果建筑方突如其来地要求施工企业提前工期，将会更加严重地引起施工成本的大量增加。在合理的工程总工期条件下，施工企业和项目经理部应根据工程项目的施工特点来安排施工进度，既能保证工程如期完工，又能保证资金合理运作。这是项目经理部和施工企业必须共同做好的一项重要工作。无原则地赶工，除了会影响工程质量，容易引发安全事故外，必然还会引起工程成本的大量增加。

（6）加强现场安全管理，防止安全事故发生，从而减小项目成本开支

确保施工现场人员的人身安全和机械设备安全是施工现场管理工作的重要内容。一个工程项目的工程利润往往被一两次安全事故耗损一空，因此，在项目施工中，千万不能忽视安全管理工作，切实防止因安全管理工作不到位而影响项目经济效益。

2.项目部本级机构开支控制

项目部本级机构开支按预先编审后的成本分解表进行控制。

（1）工作人员工资、福利、劳保费

控制项目经理部人数；工作人员队伍应该是高效精干的；控制好工资福利、劳保标准。

（2）差旅交通费

坚持出差申请制度；按规章标准核报差旅交通费；坚持领导审批制度。

（3）业务招待费

坚持内外有别原则：对内从简，对外适度；杜绝高档消费；坚持招待申请和领导审批制度。

3.项目部上级机构成本控制

项目部上级机构成本按预先编审后的成本分解表进行控制，其重点和控制办法如下：

（1）项目部的各上级机构开支控制

其重点控制项目和控制办法与项目本级机构开支控制相同。

（2）上缴税金

各项目部的税金由上级机构统一缴纳。凡遇部分免税，则由项目部上级机构专列账户保存，经允许后方能作为利润的一部分动用。

四、工程成本考核与分析

1.工程成本考核

施工过程中定期考核成本是成本控制的好方法。一般应该每隔 2~3 个月进行一次，直

至工程结束。考核从最基层开始，也就是从自有施工队伍承包合同和协作队伍经济合同开始进行考核。考核工、料、机和其他现场管理费，考核经济合同执行情况。要认真进行工程、库存、资金等盘点工作。

要同时考核项目部本级机构和项目部上级机构的开支情况。凡发生超过分解额的各个部分，都要查找其超出原因。相反，对于有结余的部分，也要查清原因。总之，各个分项是盈是亏都要弄清真正原因，从而达到总结经验、克服缺陷的目的。

2. 项目资金运作分析

项目资金来源一般包括由业主单位已经拨入的工程预付款和进度款、施工企业拨入的资金或银行贷款，以及协作队伍投入的资金或银行存款。拖欠材料商的材料款、协作队的工程款和欠付自有施工队伍的人工费、现场管理费也可以视为项目资金的来源。

项目资金的去向一般包括支付给自有施工队伍和协作单位的工程款、付给材料商的材料款、上缴给项目部上级机构的各项费用、支付给业主单位的工程质保金，以及归还银行贷款利息等。

工程施工过程中承包人总希望能做到资金来源大于资金去向，有暂时积余，这对于保证工程的顺利进行颇有益处。相反，资金来源小于资金去向时，施工过程中流动资金不足形成多头拖欠（债务），影响工程顺利进行。遇到这种情况要具体分析，采取有效措施。譬如，业主预付款不到位、前中期工程进度过慢、部分项目正在施工尚未验收计量、已经验收计量的项目业主方尚未拨款、企业自有资金或贷款不足等使得资金来源显得不足。又如，过早购入材料、机械设备闲置过多、造成资金积压、过早上缴项目部上级机构费用等。对于这些情况应及时采取措施应对。

参考文献

[1] 吕炎. 文明环保型施工在市政工程管理中的应用研究 [J]. 绿色环保建材 ,2021(02):59-60.

[2] 马艳. 市政工程道路施工的质量控制与管理研究 [J]. 绿色环保建材 ,2021(02):109-110.

[3] 顾晓慧. 探究市政工程施工中的沥青路面施工技术 [J]. 居舍 ,2021(04):39-40.

[4] 徐锦山. 市政工程施工安全管理策略探析 [J]. 居舍 ,2021(04):148-149.

[5] 任亭. 加强市政工程施工管理 提高市政工程质量 [J]. 居舍 ,2021(03):136-137.

[6] 傅国东. 简析市政工程施工管理中环保型施工措施的应用 [J]. 绿色环保建材 ,2021(01):63-64.

[7] 刘宝瑛, 王永兵. 施工单位市政工程资料管理常见问题分析及改进措施 [J]. 绿色环保建材 ,2021(01):123-124.

[8] 陈之广. 刍议如何加强市政工程施工现场的安全管理 [J]. 居舍 ,2021(02):112-113+115.

[9] 肖蓉鑫. 浅谈市政工程施工过程中安全管理与质量控制 [J]. 四川水泥 ,2021(01):129-130.

[10] 尹海英. 市政工程施工管理中环保型施工措施的应用 [J]. 砖瓦 ,2021(01):144+146.

[11] 马超, 陈晓. 市政工程环保施工管理举措研究 [J]. 环境与发展 ,2020,32(12):217-218.

[12] 张炜禧. 市政工程施工质量管理中存在的问题和对策分析 [J]. 居舍 ,2020(36):129-130.

[13] 李运魏. 市政工程现场施工中动态管理的应用分析 [J]. 工程技术研究 ,2020,5(24):176-177.

[14] 张明. 市政工程施工过程中的安全管理与质量控制措施分析 [J]. 大众标准化 ,2020(24):16-17.

[15] 李海潮. 市政工程PPP项目总承包施工收尾阶段管理探讨 [J]. 智能城市 ,2020,6(23):83-84.

[16] 姚晋昌. 浅谈市政工程水泥混凝土道路沥青化改造施工及管理 [J]. 绿色环保建材 ,2020(12):108-109.

[17] 张明. 市政工程施工现场管理难点与对策 [J]. 砖瓦 ,2020(12):131-132.

[18] 马腾. 市政工程施工质量管理中存在的问题与对策研究 [J]. 工程技术研

究 ,2020,5(23):178-179.

[19] 李君 . 市政工程施工管理中环保型施工措施的应用 [J]. 居舍 ,2020(34):115-116.

[20] 蒋默识 . 关于加强市政工程施工管理提升市政工程质量探析 [J]. 中国住宅设施 ,2020(11):119-120.

[21] 黄丰丰 . 市政工程各阶段施工管理探究 [J]. 江西建材 ,2020(11):117+119.

[22] 王刚 , 田泽民 , 刘剑 . 市政工程安全文明施工管理问题与对策探讨 [J]. 智能城市 ,2020,6(22):107-108.

[23] 高先冬 . 分析市政工程施工质量管理中的问题及对策 [J]. 居舍 ,2020(33):111-112.

[24] 许环智 , 王川煌 . 关于市政道路排水工程施工质量管理分析 [J]. 居舍 ,2020(31):146-147.

[25] 张常海 . 探析市政工程施工安全管理问题及对策 [J]. 决策探索 (中),2020(10):13.

[26] 王爱民 . 论市政工程施工现场管理难点与对策 [J]. 建材发展导向 ,2020,18(20):99-101.

[27] 刘丽飒 . 市政工程施工管理的常见问题及对策 [J]. 住宅与房地产 ,2020(29):111-112.

[28] 翁丹丹 . 简析市政工程施工管理中环保型施工措施的应用 [J]. 科技风 ,2020(28):114-115.

[29] 曾学海 . 分析市政工程管理中环保型施工的应用 [J]. 中华建设 ,2020(10):60-61.

[30] 李国超 . 市 政 工 程 施 工 管 理 中 环 保 型 施 工 措 施 的 应 用 [J]. 中 国 住 宅 设施 ,2020(09):58-59.